항공모함의 과학

Originally published in Japan in 2010 by SB Creative Corp.

Korean edition is published by arrangement with SB Creative Corp. through BC Agency.

항공모함의 과학

가키타니 데쓰야 지음 | 신찬 옮김

보누스

미국 하와이주 호놀룰루의 히캄 공군기지에서 이륙하는 함상수송기 C-2 그레이하운드에 간신히 올라타자 필자는 비로소 안도감을 느꼈다. 항공모함 컨스텔레이션으로 가기 위해 관계 부처와 조율한 끝에 겨우 실현했기 때문이다. 화물기인 C-2는 창문이 없어 기내가 어두웠다. 좌석에 앉아 4점식 안전벨트를 매고 헬멧을 단단히 눌러썼다. 낯설었지만 기분은 좋았다. 이제부터 항공모함 컨스텔레이션에 착함해 발착함 훈련을 취재할 수 있다는 생각이 들어서다.

하지만 예정된 시간이 됐는데도 기내에 착함 안내 방송이 나오지 않았다. C-2가 항공모함으로 가는 길을 잃어버린 게 아닌가 하는 의심이 들었다. 그렇게 1시간 30분 정도 늦게 컨스텔레이션에 겨우 착함했다. 나중에 공보관은 C-2 조종사가 길을 잃은 것이 아니라 항공모함 측이 훈련으로 전파를 통제해서 일부러 항공모함 위치를 감춘 것이라고 말해줬다. 전파통제(EMCON)는 적함·적기, 적의 대함 미사일 등이 항공모함의 전파를 감청해 위치를 파악하지 못하도록 자주 사용하는 전술이다.

말하자면 필자가 탄 C-2는 전파통제가 풀릴 때까지 전파가 끊긴 공역에서 대기하거나 출발한 비행장으로 돌아갈 수밖에 없던 상황이었다. 물론 상공의 다른 전투기들도 마찬가지다. 때에 따라서는 공중급유도 이뤄진다. 이렇게 의도하지 않게 항공모함의 전술을 몸소 체험한 것이다. 자, 취재 시작이다.

"다음 비행은 몇 시부터 시작합니까?"

공보관에게 묻자 그는 말했다.

"당신이 타고 갈 C-2가 첫 번째입니다."

놀랍게도 다음 발함 작업은 필자가 기지로 돌아가기 위해 탑승하는 수송기부터였다. 몇 년 후, 컨스텔레이션이 일본 요코스카 기지에 배치된 키티호크와 교체된다는 소문이 있어 몰래 두 번째 승함을 기대했지만 컨스텔레이션의 퇴역이 결정되면서 그 기회는 사라졌다.

요코스카 기지에 배치된 미국 항공모함은 미드웨이, 인디펜던스, 키티호크, 원자력 항공모함 조지 워싱턴으로 차례차례 교체됐다. 일본 해상자위대도 항공모함처럼 생긴 '휴가'형 호위함을 취역시켰다. 이는 미일 동맹의 새로운 상징이라고 할 수 있다. (2024년 현재 요코스카 기지에는 니미츠급 로널드 레이건이 배치된 상태다.)

한편 해군력을 급속히 확장하는 중국도 항공모함을 보유하려고 본격적으로 시동을 건 것으로 보인다. 경제가 호전된 러시아도 군 고위 관리가 새 항공모함 계획을 공표하는 등 앞으로 일본 주변에서 항공모함이 속속 등장할 것으로 예상된다.

필자는 국가 정책이나 이데올로기와는 상관없이 각국의 해군을 자주 취재해 왔다. 군함 운용이나 장비, 구조, 승무원 생활 등은 취재에서 가장 큰 관심사다. 국가별 호불호로 접근하면 아무래도 좋은 면을 놓치게 되므로 취재에 편견은 금물이다. 중국 군함을 취재할 때도, 미국 군함을 취재할 때도 마니아의 시각을 잊어서는 안 된다.

키티호크 교체 문제로 요코스카에 원자력 항공모함이 배치될지, 통상동력의 컨스텔레이션이 배치될지는 유럽에서도 화제였다. 그때 한 유럽 기자가 필자에게 원자력 항공모함 배치와 관련해서 물었다.

"저는 원자력 항공모함 배치에 반대합니다!"

필자가 이렇게 말하자 기자는 놀라는 눈치였다.

"수명이 긴 니미츠급보다는 앞으로 몇 년밖에 더 볼 수 없는 컨스텔레이션이 배치되는 게 더 나으니까요."

군함 마니아다운 필자의 답변에 당황하던 기자의 얼굴을 잊을 수 없다. 이 책에서 각국의 항공모함을 소개했다. 특히 니미츠급 원자력 항공모함의 운용을 중심으로 마니아의 시선으로 다뤘다. 독자 여러분이 이 책을 읽고 항공모함에 더욱 많은 관심을 둔다면 더할 나위 없이 기쁘겠다. 항공모함이 일반에 공개되는 기회가 있다면 꼭 직접 체험해 보기를 바란다.

차 례

3 Chapter 함재기의 착함

4 Chapter 항공모함의 내부 시설

5 Chapter 항공모함의 전투

항공모함이란 무엇인가?

전 세계의 해군이 항공모함을 동경하지만 이를 보유한 나라는 6개국에 지나지 않는다. 규모가 큰 해군일지라도 항공모함을 유지하는 일은 만만치 않기 때문이다. 항공모함은 군함의 왕이자 해군력의 상징이다.

니미츠급 원자력 항공모함 해리 S. 트루먼(CVN 75). 함재기 75대를 운용하며 타격력은 웬만한 중소국 공군력을 뛰어넘는다. (사진 제공: 미국 해군)

항공모함이란 무엇인가? ❶

부유한 나라밖에 보유하지 못한다

항공모함은 거대한 선체에 탑재된 다량의 항공기로 목표를 타격할 수 있는 군함의 대표 전력이다. 1922년에 구 일본 해군의 항공모함인 호쇼(鳳翔)가 세계 최초로 취역한 이래 지구상에는 250여 척의 항공모함이 취역했다. 항공모함을 보유하고 있는 나라는 해군을 운용하는 123개국 중 6개국에 불과하며 그 수는 총 20척에 지나지 않는다. 지금까지 보유한 적이 있는 나라로 계산해도 15개국뿐이다. 이처럼 항공모함 보유국이 적은 이유는 제2차 세계대전의 패전으로 해군이 사라진 일본을 별개로 하면 유지비가 많이 들어서다. 항공모함을 보유하려면 막대한 개발비, 건조비, 운용비가 든다. 이 비용을 감당할 수 있는 나라만이 항공모함을 가질 수 있다.

원래 군함의 함종은 나라마다 다른데, 1921년 워싱턴 군축 회의에서 이렇게 정의한 바 있다. "오로지 항공기 탑재를 목적으로 개발돼 항공기의 이착함이 가능하며, 기본 배수량 1만 톤이 넘는 수상 함정이 항공모함이다."

제2차 세계대전 후에는 예산 확보나 주변국에 미치는 영향을 고려해 일부러 항공모함이라고 부르지 않은 예도 많다. 2014년까지 현역이었던 영국 해군의 인빈시블급은 항공모함 불필요론이 제기되자 헬리콥터를 다량 탑재하는 지휘 순양함으로 변경해 예산을 확보하고 계획을 거듭 변경한 끝에 항공모함 형태를 갖춰 지원 항공모함으로 정식 분류해 건조했다. 러시아 해군의 항공모함인 어드미럴 쿠즈네초프는 항공모함의 입출입을 금하는 터키령 보스포루스 해협을 통과하려고 항공모함이 아닌 중항공 순양함이라는 함종으로 분류했다.

1922년 취역한 항공모함 호쇼. 처음부터 전통갑판(complete deck) 항공기를 운용하기 위한 특무함(特務艦. 당시 일본에는 항공모함이라는 함종이 없음)으로 설계했기 때문에 항공모함으로 설계된 최초의 군함으로 알려졌다. (사진 제공: 스미스소니언 연구소)

1917년 취역한 영국 해군의 대형 경순양함 퓨리어스는 함교 전후 갑판 위에 발착함용 갑판을 얹고 항공기 운용에 성공했다. 이것을 항공모함의 뿌리로 본다. (사진 제공: 미국 해군역사센터)

1918년에 취역한 영국 해군의 항공모함 아거스는 1914년에 여객선으로 건조했지만, 이후에 항공모함으로 설계 변경해 취역했다. 세계 최초의 전통갑판 항공모함이다. (사진 제공: 미국 해군역사센터)

항공모함이란 무엇인가? ❷

외교 도구로 사용하다

군함은 예로부터 전쟁의 승패를 좌우하는 무기였다. 군함은 범선에서 증기선으로 발전하면서 시대 변화와 함께 커졌으며 탑재하는 무기도 강력해졌다. 과거에는 전함처럼 대포를 장비한 함정이 그 나라의 군함을 대표했지만, 제2차 세계대전 이후에는 항공모함이 해군의 대표 전력이 됐다. 전함보다 전투 반경이 넓은 공격기를 탑재해 다양한 작전이 가능했기 때문이다.

군함은 외교 도구의 역할도 수행한다. 두 나라가 교류할 때 최신예 군함을 선보이는 것은 경의를 표한다는 의미이기도 하다. 상대국을 방문하려고 나라를 수호하는 주력함의 운행 일정을 조정하는 것은 중요한 국방 임무를 수행해야 할 전력을 일시적으로 이탈시키는 위험을 감수하는 일이다. 그런데도 방문하는 것은 자국의 해군력과 승무원의 소양을 방문국의 시민에게 보여줘서 자국에 대한 이해도가 높아지기를 기대하기 때문이다.

이러한 외교 수단을 포함 외교(砲艦外交)라고 부른다. 이처럼 군함은 육군의 전차나 공군의 전투기 등 다른 무기로는 흉내 낼 수 없는 중요한 역할도 한다. 포함 외교에서 항공모함은 상대국 시민에게 시각적으로 어필하는 것은 물론 상대국 정부에 군사적 존재감을 과시하는 데 매우 효과적이다. 특히 미국은 홍콩에 항공모함을 보내 방문을 거듭하면서 정부 관리와 보도진에게 내부를 공개해 미국이 열린 나라임을 보여줬다. 항공모함은 국력의 상징임과 동시에 방문국과의 파트너십을 알리는 증거이며, 때로는 미묘한 외교 균형을 조정하는 외교관의 역할도 수행한다.

한국 해군의 초계함 격침 사건을 계기로 한국과 합동 훈련을 하려고 부산항을 방문한 미국 해군의 항공모함 조지 워싱턴(CVN 73). 북한과 중국에 군사적 존재감을 과시했다. (사진 제공: 미국 해군)

2005년 홍콩을 친선 방문한 미국 해군의 항공모함 키티호크(CV 63). 중국 정부의 인사들에게도 공개하며 미국이 열린 나라임을 강조했다. (사진 제공: 미국 해군)

항공모함이란 무엇인가? ❸

항공기의 공격력이 본질

군함 중에서도 항공모함의 외교적 역할은 절대적이다. 동맹국의 항구에 입항해 안보상 유대감을 표현하기도 하고, 개발도상국에 입항해 상대국 국민에게 자신의 나라를 지켜줄 것으로 기대하게 만들기도 한다. 반대로 항공모함을 인근 연안에 파견하는 것만으로 군사적 위상을 과시할 수도 있다. 항공모함이 참가하는 한미 연합훈련을 서해에서 실시하겠다는 의사를 통보했을 뿐인데도 중국 정부는 강력한 반대 의사를 표명한 바 있다. 반면에 한국과 미국은 두터운 동맹 관계를 확인할 수 있었다.

물론 항공모함의 본래 목적은 전투다. 포함 외교도 과거 전투에서 항공기의 타격력을 증명했기 때문에 가능한 것이다. 갑판에 대함 순항 미사일을 갖춘 러시아의 항공모함을 제외하면 보통은 탑재한 항공기로 적을 공격한다.

공격 목적은 주로 두 가지다. 하나는 타격전 또는 지원 전투라고 하며 아군 육상 병력을 지원하는 일이다. 이라크 전쟁에서 미국의 해병대나 육군이 수도 바그다드를 제압하기에 앞서 항공모함 공격기 및 공군 폭격기가 이라크군을 공격해 아군 육상 병력이 바그다드에 쉽게 진입하도록 도왔다. 아프가니스탄 대테러 전쟁에서는 탈레반과 알카에다의 거점을 각국 지상군이 공격하기 쉽도록 사전에 항공기로 공격했다. 또 다른 하나는 보복 공격이다. 이때 지상부대는 작전에 참여하지 않는다. 1985년 리비아 정부가 연루된 테러 사건에 보복하려고 이듬해 항공모함 3척에서 이륙한 공격기가 수도 트리폴리의 군사시설을 공격한 바 있다.

2001년 아프가니스탄을 상대로 '불후의 자유 작전'을 펼치는 가운데 미국 해군의 항공모함 시어도어 루스벨트(CVN 71)에서 출격하는 제86 전투 공격 비행대대의 F/A-18C 호넷 전투기. 날개에 정밀 유도 폭탄을 장비했다. (사진 제공: 미국 해군)

1986년 리비아 앞바다에서 기동 중인 미국 해군의 항공모함 아메리카(CV 66)에서 출격하는 A-7E 콜세어 II 공격기. (사진 제공: 미국 해군)

항공모함이란 무엇인가? ❹

60년 동안 변하지 않은 스타일

제2차 세계대전 중 각국의 항공모함은 비행갑판(flight deck)이 직선이었다. 착함할 때는 먼저 갑판 위의 항공기들을 되도록 전방이나 현 쪽에 주기(駐機)시키고 여러 겹의 와이어를 펼쳐서 착함기를 받아내는 방법을 취했다. 당시에는 속도가 느린 프로펠러기를 주로 탑재했기 때문에 문제가 없었지만, 제2차 세계대전 후에 착함 속도가 빠른 제트기가 등장하면서 이런 방법으로는 착함 시 많은 위험이 뒤따랐다.

이에 각국은 제트기 시대의 도래에 맞춰 안전한 운용을 위해 착함기의 활주로를 좌현 쪽으로 확장한 경사갑판(angled deck)을 설치하는 대규모 개조를 단행했다. 1955년에 취역한 미국 해군의 포레스탈(CV 59)은 선체 좌우로 비행갑판을 확장하고, 경사갑판 및 현 쪽에 항공기용 엘리베이터를 채용해 비행갑판의 면적을 늘렸다. 또 함수의 닻줄 작업에 사용하는 갑판을 외판으로 덮는 폐쇄형 뱃머리(enclosed bow)를 채용하고 신형 증기식 캐터펄트 4대를 건조할 때부터 탑재하는 등 새로운 항공모함의 형태를 갖췄다.

이런 스타일의 항공모함을 슈퍼캐리어(super carrier)라고 부르며 슈퍼캐리어 디자인은 이후 미국이 건조하는 모든 항공모함에 채택됐다. 2017년에 취역한 항공모함 제럴드 R. 포드에도 이 디자인이 적용됐다. 미국 항공모함이 아니라면 슈퍼캐리어라고 부르지 않지만 전 세계에서 새로 건조하는 항공모함은 비행갑판을 확대하고, 갑판(발착함 포함)에서 안전하게 작업을 할 수 있도록 고려한 디자인이 강조되고 있다.

한국전쟁에 참전 중인 미국 해군의 항공모함 본험 리차드(CV 31)에서 발함 준비 중인 AD 스카이 레이더 공격기. 한국전쟁 당시는 주류였던 프로펠러기에서 제트기로 넘어가는 과도기였다. (사진 제공: 미국 해군)

최초의 슈퍼캐리어인 항공모함 포레스탈(CV 59). 경사갑판과 캐터펄트 4대, 대형화된 비행갑판 등 새로운 디자인을 채용한 항공모함이 등장했다. 사진은 1967년경 촬영했다. (사진 제공: 미국 해군)

항공모함이란 무엇인가? ❺

예전에는 종류가 많았다

과거 항공모함은 임무나 크기에 따라 함종을 명확히 나눴다. 제2차 세계대전 전부터 군함의 크기를 '경'(輕)과 '중'(重)으로 분류하던 관례는 전후 미국 해군도 채용해 만재 배수량 5만 톤 이상은 대형항공모함(CVB)으로 분류하고, 2만 톤 이하 항공모함은 경항공모함(CVL)으로 분류했다.

제2차 세계대전 중 독일 잠수함으로부터 상선을 보호하는 임무를 맡은 소형 항공모함은 호위항공모함(CVE)으로 분류했다. 구 일본 해군에서도 상선에 비행갑판을 설치한 함정을 특설 함정으로 분류하고 호위항공모함이라고 불렀다. 전후에는 대잠기를 주로 탑재하는 대잠항공모함(CVS)과 공격기를 주력으로 탑재하는 공격항공모함(CVA)도 별도로 분류했다. 전통갑판으로 고정익기를 운용하는 '강습상륙함'도 항공모함으로 분류할 수 있겠지만, 주요 전력이 공격기나 헬리콥터가 아니라 상륙하는 병사이기 때문에 항공모함이라고는 부르지 않는다. 강습상륙함이나 헬리콥터 여러 대를 운용하는 함정을 '헬리콥터 항공모함'이라고 부르기도 하는데 이는 신문사나 텔레비전 방송국이 편의상 사용하는 용어다.

대잠이든 공격이든 어떤 임무도 해내는 슈퍼캐리어가 등장하자 미국은 함종 호칭을 정리해 항공모함(CV)과 원자력 항공모함(CVN)으로만 분류했다. 미디어에서 경항공모함이라고 하면 슈퍼캐리어 이외의 항공모함을 지칭하지만, 자국의 항공모함을 정식으로 '경'이라고 분류하는 나라는 현재 없다.

항공모함, 공격항공모함, 대잠항공모함으로 세 차례 함종을 변경한 미국 해군의 항공모함 요크타운(CV 10). 사진은 대잠항공모함으로 분류되던 시절의 모습으로 대잠초계기를 탑재했다. (사진 제공: 미국 해군)

미국 해군의 항공모함 렉싱턴(CV 16)은 훗날 '훈련항공모함'(CVT)으로 변경됐고, 다시 '항공훈련보조함'(AVT)으로 활약하다가 1991년 에식스급으로 퇴역했다. 사진은 항공훈련보조함(AVT 16) 시절의 모습. (사진 제공: 미국 해군)

항공모함이란 무엇인가? ❻

비행갑판 형태로 분류한다

항공모함은 함재기(탑재기)의 종류와 비행갑판의 형태에 따라 분류할 수 있다. 함재기(艦載機)의 발착함 방법은 항공모함의 개발이나 도입에 큰 영향을 미친다. 함재기를 항공모함 유형에 맞출 것인지 아니면 항공모함에 맞게 함재기를 선택하거나 개발할 것인지 등 해군의 운용 방침이나 전략과 밀접한 관련이 있다.

비행갑판은 함재기를 주기하고 발착함하기 위한 항공모함의 본질이라고 할 수 있다. 대부분 항공모함은 함수와 함미를 각각 발함과 착함을 하는 공간으로 사용한다. 미국과 프랑스의 항공모함은 함수에 발함용 캐터펄트(catapult), 함미에 착함용 어레스팅 와이어(arresting wire)가 설치돼 있다. 영국 및 러시아의 항공모함은 함수 쪽에 발함용 스키 점프대를 설치하고, 러시아 항공모함의 착함 구역에는 어레스팅 와이어를 설치한다. 그 외 나라의 항공모함은 수직 착륙이 가능한 해리어 공격기를 사용하기 때문에 캐터펄트와 어레스팅 와이어가 없다. 현재 전 세계 항공모함의 함재기 발함 방법과 비행갑판 형태는 다음 세 가지 방식으로 분류한다.

❶ CATOBAR[1] (캐토바 방식)

캐터펄트로 발함해 어레스팅 와이어로 착함시키는 형태의 항공모함. 미국과 프랑스의 항공모함에서 채용한다.

장점: 비행갑판을 유용하게 사용할 수 있다. 경우에 따라서는 발함과 착함이 동시에 가능하다. 함재기의 발함 중량에 제한이 없다.

단점: 신규로 캐토바 방식의 항공모함을 보유하고 싶다면 캐터펄트를 직접 개발하거나 미국으로부터 구매해야 한다.

❷ STOBAR[2] (스토바 방식)

스키 점프대로 발함하고 어레스팅 와이어로 착함하는 형태의 항공모함. 러시아 및 인도의 신형 항공모함을 비롯해 중국의 신형 항공모함도 채용한다.

장점: 캐터펄트 개발 또는 구매 비용이 필요 없다.

단점: 발함을 하려면 활주 거리가 길어야 해서 발함 작업 중에는 착함할 수 없다.

❸ STOVL[3] (스토블 방식)

스키 점프대로 발함하고 함재기를 수직으로 강하시켜 착함시키는 형태의 항공모함. 영국, 스페인, 이탈리아, 인도의 항공모함에서 채용한다.

장점: 캐터펄트 및 어레스팅 와이어 비용이 필요 없다.

단점: 탑재기의 종류가 해리어계 또는 F-35B로 한정된다.

전형적인 캐토바 방식을 쓰는 항공모함 드와이트 D. 아이젠하워 (사진 제공: 미국 해군)

1. CATOBAR: Catapult Assisted Take Off But Arrested Recovery
2. STOBAR: Short Take Off But Arrested Recovery
3. STOVL: Short Take Off and Vertical Landing

Column

함재기와 함상기의 차이

이 책에서는 항공모함에 탑재되는 비행기를 함재기라고 표현하는데 비슷한 말로 함상기(艦上機)가 있다. 함재기와 함상기는 분명히 의미가 다르다. 다만 이렇게 구별하는 나라는 일본뿐이며, 구 일본 해군의 운용 차이에서 유래했다.

함상기는 '함상에서 운용하기 위해 착함용 후크를 장착한 항공기'를 말한다. 한편 함재기는 전함이나 순양함 등에 탑재하고 운용하면서 '회수 시에는 해상에 착수시키고 함정에 수용할 수 있도록 플로트(float)를 장착한 항공기'를 말한다.

이처럼 구 일본 해군에서는 명확히 구분했지만, 당시 플로트를 장착한 함재기는 이제 모습을 감췄으며, 수직 이착륙이 가능하고 착함용 후크가 필요 없는 해리어 같은 기체도 등장했다. 또한 항공모함이 아닌 수상전투함에서는 헬리콥터를 운용하면서 오늘날에는 군함 탑재기를 함재기와 함상기로 구별할 필요가 없어졌다.

다만 구 일본 해군 시절의 이야기를 할 때는 '항공모함에서 발함하는 함상기'나 '전함 야마토의 함재기' 등과 같이 용법 차이에 주의할 필요가 있다.

구 일본 해군의 항공모함 쇼칸에서 발함을 준비하는 영식 함상전투기 21형 (사진 제공: 일본 국립공문서관)

함재기의 발함

함재기 조종사는 '발함에 별다른 기술이 필요 없다.'라고 말한다. 캐터펄트를 사용한 발함 작업의 주역은 비행갑판에서 일하는 갑판 요원이다. 이들이 함재기를 안전하게 발함시킬 준비를 하는 동안 조종사는 엔진을 켜고 사출 순간을 기다리기만 하면 된다.

캐터펄트에 의해 발사되는 F/A-18F 호넷 전투기. 엔진에서 불꽃이 뿜어져 나오는 이유는 가속을 위해 애프터버너를 사용해서다. (사진: 가키타니 데쓰야)

2-01 비행갑판

항공모함의 상징

니미츠급 비행갑판은 캐터펄트와 어레스팅 와이어 외에 다양한 장비와 구역이 있다. 여기서 작업하는 갑판 요원(deck crew)이나 비행단 승무원은 갑판의 장비나 구역의 이름을 줄여 부르거나 독특한 단어로 부른다.

예를 들어, 캐터펄트1은 줄여서 캣 원(CAT1)이라고 한다. 헬리콥터 발착 지점(helicopter spot)은 헤로 스폿(hero spot) 또는 단순히 '스폿'이라고 한다. 일반적으로 경사갑판이라고 부르는 착함 구역(landing area)은 'L.A'라고 하며 함교의 사선 전방 6대분의 주기 구역은 6개 묶음 캔 음료를 지

사진은 미국 해군 항공모함 해리 S. 트루먼. (사진 제공: 미국 해군)

칭할 때 쓰는 말을 사용해 식스 팩(six pack)이라고 부른다. 식스팩과 함정의 현 쪽에 늘어선 항공기 사이의 길고 좁은 공간은 함재기 유도로로 스트리트(street)라고 부른다. CAT1 우현에는 1대만 주기할 수 있는 좁은 장소가 있는데, 숨긴다는 뜻의 속어인 스네이크(snake)라고 부른다. 제1 및 제2 엘리베이터가 내려가면 엘리베이터 사이가 섬처럼 고립된다고 해서 산호를 의미하는 코럴(coral)이라고 부른다. 또 함미 우현 쪽은 셰리프(sheriff), 함미 좌현 쪽은 슬래시(slash)라고 부른다.

비행갑판은 소음이 커서 작업원이 헬멧과 귀마개를 착용한다. 또한 무선통신도 짧은 말로 간결하게 소통하기 때문에 이러한 별칭은 의사소통에 필수적이다. 언뜻 보면 장난처럼 들리는 속어도 안전과 효율을 위해 중요한 역할을 하는 셈이다. 기본적으로 전달은 수신호를 따르지만, 안전을 위해 목소리로 서로 확인하는 것도 필요하다.

프라이플라이

항공모함 관제탑

항공모함의 함상에도 일반적인 공항에서 볼 수 있는 관제탑 같은 곳이 있다. 비행갑판 전체를 내려다보며 항공모함 주변의 항공기가 착함하는 모습을 육안으로 확인하기 위해 항공모함의 함교 좌현 쪽 높은 곳에 위치한다. 이 관제탑을 주 비행 관제소(primary flight control)라고 하며 줄여서 프라이플라이(pri-fly)라고 부른다. 프라이플라이의 책임자는 에어 보스(air boss)고 부관은 미니 보스(mini boss)라고 한다.

에어 보스와 미니 보스는 비행갑판 위에서 벌어지는 작업의 책임자로 발착함 순서를 결정한다. 항공모함은 착함 작업 시 함수 쪽의 캐터펄트1과 2만 사용할 수 있다. 또한 경사갑판 위의 캐터펄트3과 4를 사용할 때는 착함 작업을 할 수 없다. 에어 보스는 순차적으로 발착함 작업이 원활하게 이뤄지도록 상황에 맞는 효율적인 판단을 내려 갑판 작업을 결정해야 한다.

발함 작업 시에는 주로 캐터펄트를 담당하는 갑판 요원과 교신한다. 발함기를 어떤 캐터펄트로 유도할지, 풍향과 풍속과 갑판이 안전하게 발함할 수 있는 태세인지 등을 확인하고 지시한다. 발함하는 기체에 풍속이 필요하거나 풍향이 발함기에 적절하지 않다면 함장에게 연락해서 함정 속력을 높이거나 항로를 바꿔 달라고 요청한다.

착함기와 관련해서 조종사와 교신해 연료 잔량이나 기체 상태를 확인하고, 착함을 위한 접근 방법을 결정한다. 조종사나 기체에 긴급사태가 발생하면, 자동 착함 방식이나 긴급 착함용 바리케이드 설치 등을 지시한다.

비행장의 관제탑과 같은 역할을 하는 프라이플라이. 책임자는 에어 보스, 부책임자는 미니 보스라고 한다. (사진: 가키타니 데쓰야)

프라이플라이는 함교의 좌현 쪽에 위치하며, 비행갑판과 좌현 쪽의 상공 주회 경로를 조망할 수 있다. (사진 제공: 미국 해군)

레디 룸

조종사가 비행 준비를 하는 곳

니미츠급 항공모함의 비행갑판 바로 아래층을 03갑판(03 deck) 또는 갤러리 데크(gallery deck)라고 한다. 함장실이나 장교용 식당 등이 있어 주로 장교가 사용한다. 미국 해군은 조종사도 장교다. 03갑판에는 조종사의 거주시설과 비행 준비를 하는 방이 있어 조종사는 03갑판에서 일과 생활을 병행한다.

항공모함에 배치되는 항공모함 비행단에는 비행대대가 8~9곳이 있으며 비행대대에는 각각 사무실이 있다. 조종사가 비행 준비를 하는 방을 레디 룸(ready room)이라고 하며 조종사들이 작전을 최종 확인하는 곳이기도 하다. 여기서 목표물과 공격법, 비행경로, 날씨, 공중급유 구역, 무선주파수, 항공모함으로 복귀하지 못할 경우의 대체 비행장 등을 확인한다. 비행 준비 이외에는 공중전을 위한 전술 공부와 새로운 장치 및 안전 관리 숙지 등 조종사들이 기술 지식을 익히는 교실로도 사용된다.

조종사 대기실 옆에는 조종사가 여압복 및 생존 조끼, 헬멧 등을 착용하는 방이 있다. 준비를 마친 조종사는 이 방에서 통로를 거쳐 비행갑판으로 통하는 계단으로 한 층 올라간다. 그리고 자신이 탑승할 기체로 향한다. 기체에 도착하면 기체 외부를 확인하고 조종실에 탑승해 체크리스트를 보면서 소리 내 복창하고 기기를 준비한다. 함재기 정비사(plane captain)에게 엔진 시동 허가를 받고 시동을 걸면 캐터펄트로 향하기 위한 허가를 기다린다.

조종사는 불연성 비행복을 착용하고 그 위에 구명조끼를 겸한 생존 장비를 착용한다. 해상 불시착을 대비한 조치다. (사진 제공: 미국 해군)

레디 룸은 비행 전 브리핑 장소이며 동료들과 환담하는 장소다. 비행 전 긴장을 풀 수 있는 편안한 곳이어야 한다. 사진은 제154 전투 공격 비행대대의 레디 룸이다. (사진: 가키타니 데쓰야)

2-04 구난 헬리콥터

가장 먼저 날아오르고 가장 마지막에 내려온다

일과가 시작되면 함재기 중에 구난 헬리콥터가 가장 먼저 날아오른다. 1번기가 발함하기 전부터 날아올라 그날 마지막 기체가 착함할 때까지 함재기의 불시착이나 갑판 요원의 추락 사고 등 만일의 사태를 대비한 구난 임무를 위해 상공에서 대기한다. 그래서 조종사 및 부조종사 외에 잠수복을 착용한 구조 다이버가 탑승한다. 물갈퀴와 스노클을 장착하고 만약을 위해 잠수에 필요한 산소통과 레귤레이터도 탑재해 둔다.

이와 같은 임무는 HH-60H 수색·구난 헬리콥터 또는 MH-60S 다용도 헬리콥터가 주로 맡는데 작전 시에는 최대 2시간 간격으로 교대하며 항공모함 주변을 계속 비행한다. 고정익 함재기는 항공모함의 좌현 쪽 해역 상공에서 좌회전(61쪽 참고)하며 착함을 준비하기 때문에 헬리콥터는 그 반대인 우현 쪽 약 1마일 떨어진 상공을 우회전하며 대기한다.

고정익기의 발착함 작업이 끝나면 구난 헬리콥터는 항공모함 함미 쪽을 돌아 좌현 쪽으로 이동해 착함신호 부사관(landing signal enlisted, LSE)이나 함재기 감독관(plane director)의 유도를 받으며 할당된 헬기장에 착함한다. 계속해서 수색·구난 임무가 있을 때는 엔진을 켜둔 상태에서 승무원을 교대하거나 연료를 보급한다. 이 밖에도 MH-60S 다용도 헬리콥터는 대함 미사일을 장착하고 대수상전 임무나 특수부대를 운반하는 특수 수송 임무도 한다. 다만 구난 임무로 배치된 승무원은 이 임무에서 제외되며 기체는 오전과 오후의 임무가 다를 수 있다.

상공에서 구난 대기 중에도 구난 훈련을 실시해 기량을 유지한다. 호이스트를 사용해 다이버를 정확한 장소에 강하시키는 것으로 조종사의 실력을 가늠해 볼 수 있다. (사진 제공: 미국 해군)

니미츠급에는 스폿이라는 헬리콥터 발착장이 8군데 있다. 고정익기의 발착함은 장교가 지시하지만 헬리콥터를 스폿으로 유도하는 일은 부사관인 LSE가 지시한다. (사진 제공: 미국 해군)

캐터펄트

무슨 힘으로 작동하나?

캐터펄트(사출기)는 함정에서 짧은 활주로를 이용해 고정익 항공기를 발진시키는 데 중요한 장비다. 일본에서는 항공모함 탄생 이전부터 전함이나 순양함, 잠수함 등에 화약의 폭발력이나 압축 공기를 응용한 캐터펄트를 장비해서 정찰기를 운용했다. 하지만 이 방식은 연속 사출에 많은 시간이 소요된다. 공격기를 탑재하고 사출이 빈번한 항공모함에서는 유압식 캐터펄트가 반드시 필요했다.

구 일본 해군은 항공모함 카가와 아카기의 갑판에 홈을 내고, 그곳에 캐터펄트가 탑재되도록 '유압식 발함 촉진 장치'라는 이름으로 개발을 진행했지만, 기술과 재정난으로 어려움을 겪었다. 한편 미국은 한발 앞서 개발에 성공해 항공모함에 탑재했고, 요크타운급 같은 일부 항공모함에는 비행갑판뿐만 아니라 격납고에도 유압식 캐터펄트를 설치해 함정의 옆쪽으로 항공기를 사출하기도 했다.

한편 제2차 세계대전 후 영국은 실용적이고 강력한 힘을 자랑하는 증기식 캐터펄트를 개발해 1949년 항공모함 페르세우스(R 51)에 탑재했다. 이후 미국도 'C-11 증기식 캐터펄트'를 개발해 1954년 항공모함 핸콕(CV 19)에 탑재했으며 그 발전형인 'C-13 증기식 캐터펄트'는 지금도 사용 중이다. 현재 증기식 캐터펄트를 생산하고 안정적으로 운용할 수 있는 나라는 미국뿐이다. (중국은 2022년 전자식 캐터펄트를 채용한 푸젠함을 진수했다. 전자식은 증기식보다 비행기를 더 많이 출격시킬 수 있다는 장점이 있다. 미국은 2017년 취역한 제럴드 R. 포드에 전자식 캐터펄트를 채용했다.)

항공모함 요크타운(CV 10)은 격납고의 현 쪽 개구부에서 가로 방향(침로에서 30도)으로도 캐터펄트를 설치했으나 운용이 불편해 훗날 철거했다. (사진 제공: 미국 해군역사센터)

1954년 미국 해군 최초로 증기식 캐터펄트(C-11)를 탑재한 항공모함 핸콕(CV 19) (사진 제공: 미국 해군역사센터)

증기식 캐터펄트

약 300km/h까지 단 2초

캐터펄트는 함재기 제트엔진 추력 또는 프로펠러 추력을 보완하는 장치로 캐터펄트에서 기체가 벗어나는 순간에 함재기 속도가 떨어지지 않고 자력으로 비행할 수 있게 속력을 전달한다. 미국 해군이 사용하는 C-13 증기식 캐터펄트는 항공모함에 탑재된 고정익 항공기를 기체 중량과 관계없이 단 2초 만에 약 300km/h의 속도로 가속해 발함시킬 수 있다.

C-13 증기식 캐터펄트는 보일러에서 발생한 증기를 탱크에 저장하고, 기체 중량에 맞게 압축한 증기를 실린더로 보내 실린더 안의 피스톤을 밀어내는 방식이다. 피스톤에는 기체와 연결된 셔틀(shuttle)이라는 장치가 있어 기체는 셔틀에 이끌려 전진한다. 'C-13 Mod.2 캐터펄트'는 본체 길이가 98.79m이고, 이 중 피스톤이 움직이는 길이는 93.54m다. 실린더 지름은 53.34cm로 C-13계 캐터펄트 중에는 가장 굵고, 적은 압력으로 셔틀을 움직일 수 있다. 그래서 증기를 압축하는 시간이 단축돼 사출 사이클도 높일 수 있다.

니미츠급은 C-13 Mod.2 캐터펄트가 4대 있는데, 1대가 60~80초 동안 1회 사출을 할 수 있어 캐터펄트를 모두 가동하면 1분에 3~4대의 함재기를 발진시킬 수 있다. 피스톤에는 사출 시 증기 압력이 작용하므로 실린더에 있는 고무로 된 실(seal)의 틈새로 증기가 새어 나온다. 비행갑판 영상에서 자주 볼 수 있는 증기는 실에서 누출된 증기다. 사출 시 가속하는 피스톤은 실린더 끝에서 역방향으로 분출되는 물 브레이크에 의해 정지한다.

캐터펄트 내부에는 실린더 2개가 있으며 각각 피스톤이 내장돼 있다. (사진: 가키타니 데쓰야)

캐터펄트의 구조

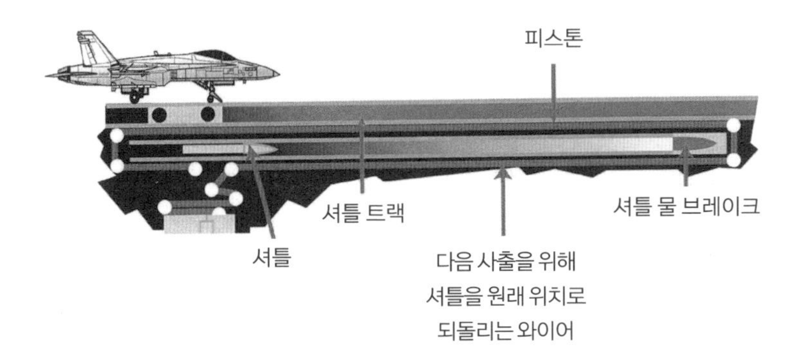

발함 순서 ❶

유도

함재기가 캐터펄트에 도착한 후 사출되기까지 걸리는 시간은 길어야 2분 정도다. 갑판 요원은 안전한 기체 사출을 위해 조종사에게 침착하고 질서 정연한 수신호를 보낸다. 발함하는 함재기는 노란색 유니폼을 입은 함재기 감독관의 유도를 받으며 캐터펄트에 도착한다. 이때 접혀 있던 날개를 펼치고 비행대대 함재기 검사관(squadron plane inspector) 2명이 기체를 확인한 후 무기를 탑재하면, 붉은색 유니폼을 입은 무장 요원(ordnance crew)이 안전핀을 제거한다.

초록색 유니폼을 입은 중량 표시 요원(weight board operator)은 사전에 알려진 기체 무게를 중량 표시판으로 조종사에게 보여준다. 조종사는 자신의 기체 중량이 표시와 다르면 손가락으로 1,000파운드씩 조정하도록 지시한다. 중량 표시 요원은 수치를 수정해서 이번에는 중앙갑판 요원(center deck operator)에게 보여준다.

중앙갑판 요원은 비행갑판 아래층의 캐터펄트 엔진 룸에 무게를 전달해 증기 압력이 기체 무게와 적합한지 확인한다. 그날 임무가 전투여서 발함기가 많은 폭탄을 탑재해 무겁다면 처음부터 압력을 최대 중량에 맞춘다. 반대로 발함기가 가볍다면 필요에 따라 증기를 빼 압력을 줄인다. 중앙갑판 요원은 함교의 프라이플라이로부터 풍향 및 풍속의 정보를 받아 슈터(shooter)라고 불리는 발함 장교(catapult officer)에게 수치를 보여준다. 이때 풍력이 부족하면 발함 장교는 함정의 속력을 높이라고 전달한다.

발함기를 캐터펄트로 유도하는 함재기 감독관. 팔을 흔들고 손을 쥐거나 펴서 조종사에게 정지 및 진행 방향을 지시한다. (사진 제공: 미국 해군)

갑판 요원들은 함정의 비행과 소속이고, 발함기 주위를 점검하는 비행대대 함재기 검사관은 비행단 비행대대 소속이다. (사진: 가키타니 데쓰야)

중량 표시 요원이 다음 발함기의 무게가 5만 2,000파운드임을 조종사에게 확인하고 중앙갑판 요원에게 알리고 있다. (사진 제공: 미국 해군)

2-08 발함 순서 ❷

설정

거의 동시에 초록색 유니폼을 입은 홀드백 요원(hold back personnel)이 '홀드백 바'를 들고 달려가, 노즈 기어 뒷면의 조인트부에 홀드백 바의 한쪽 끝을 끼우고 다른 한쪽은 캐터펄트에 고정한다. 홀드백 바는 기체의 제트 엔진이 작동해도 증기식 캐터펄트의 힘이 가해지지 않는 한 앞으로 나아가지 않도록 하는 잠금장치다.

이 작업이 끝나면 홀드백 요원은 기체에서 벗어나고, 이번에는 마찬가지 초록색 유니폼을 입은 후크업 요원(hook up crew)이 기체 아래에서 쪼그리고 앉은 자세로 노즈 기어와 셔틀의 위치를 확인한 뒤 기체를 전진하도록 함재기 감독관에게 수신호를 보낸다. 함재기 감독관은 조종사에게 브레이크를 풀어 기체가 서서히 앞으로 나오도록 두 팔을 머리 위에서 천천히 흔들어 지시한다. 노즈 기어의 '런치 바'(launch bar)가 셔틀에 '철컥'하고 걸리면 후크업 요원은 주변 안전을 손가락 끝으로 가리키며 확인하고, 엄지손가락을 치켜세우며 기체에서 벗어난다. 이사이에 기체 뒤쪽에서는 초록색 유니폼을 입은 제트분사 편향판 요원(jet blast deflector operator)의 지시로 '제트분사 편향판'(jet blast deflector, JBD)이 갑판에서 솟아오른다. JBD는 제트엔진 분사를 위쪽으로 돌려 사람이나 물건이 날아가지 않도록 해주는 장치다.(50쪽 참고)

비행대대 함재기 검사관은 기체 주위의 안전을 확인하고 양팔을 벌려 JBD와 기체 사이로 사람이 들어가지 않도록 한다. 기체 뒤쪽의 안전 확인은 안전 장교(safety officer)도 추가해서 3명이 함께 작업하기도 한다.

홀드백 바는 갑판과 기체를 연결하는 봉이다. 사진상 위쪽의 끝부분이 기체에 연결된다. (사진: 가키타니 데쓰야)

F/A-18F 슈퍼호넷의 노즈 기어부. 홀드백 바를 설치하는 위치는 사진 오른쪽의 'ㄷ'자 모양을 한 부분이다. (사진: 가키타니 데쓰야)

기체가 조금씩 전진하면서 착륙장치의 캐터펄트 런치 바가 캐터펄트에 장착되는 순간이다. 후크업 요원은 확인한 후 뛰어서 기체에서 벗어난다. (사진: 가키타니 데쓰야)

2-09 발함 순서 ❸

사출

함재기 감독관이 조종사에게 시선을 '슈터'에게 돌리라는 신호를 보내면 이번에는 슈터가 조종사를 손가락으로 가리키고, 다른 손의 손바닥을 펴고 빠른 속도로 흔든다. 조종사는 이 신호를 확인한 후 엔진 출력을 높인다.

조종사는 준비가 되면 슈터에게 경례하고, 중앙갑판 요원도 증기의 압력 상태와 풍속에 문제가 없음을 슈터에게 알리기 위해 엄지손가락을 세워 신호한다. 슈터는 이를 확인하고 이어서 캐터펄트 전체의 안전을 감시하는 캐터펄트 안전 관측원(catapult safety observer)이 안전을 알리는 파란색 램프를 보내는지 손가락을 가리키며 확인한다. 또한 기체 뒤쪽의 비행대대 함재기 감독관이 엄지손가락을 세워 안전함을 알려주는지도 손가락을 가리키며 확인한다. 슈터는 모든 과정이 완료돼 발함이 가능한 상태임을 확인한 다음, 함수 쪽을 향해 팔을 내린 상태에서 재빨리 팔을 들어 함수를 가리키며 발함 버튼을 누르라는 지시를 캣워크(catwalk, 보행자 통로)의 갑판 가장자리 요원(deck edge operator)에게 내린다.

지시를 확인한 갑판 가장자리 요원은 몸을 틀어 캐터펄트 안전 관측원이 캐터펄트 위에 장애가 없음을 파란색 램프로 알리고 있는지 다시 한번 확인하고 캐터펄트의 버튼을 누른다. 조종사는 엔진을 최대 출력으로 올린 상태로 몸을 맡긴다. 필요하다면 애프터버너를 점화해 기체가 신속히 안정된 고도와 속도에 이르도록 한다. 갑판에서는 홀드백 바를 회수하고 JBD를 내리거나 셔틀을 원위치로 복구해서 다음 발함을 준비한다.

슈터가 왼손으로는 조종사에게 엔진 출력을 높이라고 지시하고, 동시에 오른손으로는 중앙갑판 요원의 표시를 확인하고 있다. (사진 제공: 미국 해군)

슈터가 함수 방향을 가리키며 발함 버튼을 누르라고 허가하고 있다. (사진: 가키타니 데쓰야)

갑판 가장자리 요원이 캐터펄트 버튼을 누른다.(위) 캐터펄트 버튼을 누르자 가장 오른쪽의 빨간색 램프가 켜졌다.(아래) (사진: 가키타니 데쓰야)

ICCS를 이용한 발함 작업

악천후의 어려움을 덜어준다

니미츠급에는 통합 캐터펄트 관제소(Integrated Catapult Control Station, ICCS)가 있다. 독특한 모양 때문에 '버블'(거품)이라는 애칭이 있는 ICCS는 캐터펄트1과 2의 사이 및 캐터펄트4의 좌현 쪽에 위치하며 사용하지 않을 때는 갑판 아래로 수납된다.

슈터는 비행 작업이 시작되기 전에 비행갑판 아래층의 03갑판에서 ICCS에 탑승해 해치를 닫고, 에어 보스나 갑판 요원의 안전을 확인한 뒤 엘리베이터처럼 비행갑판으로 올라간다. 이 안에서도 모든 작업을 할 수 있으므로 슈터는 갑판에 나올 필요가 없다.

ICCS에서는 중앙갑판 요원과 갑판 가장자리 요원의 역할을 모두 수행할 수 있어 발함을 위한 안전 관리와 발함 지시, 캐터펄트 버튼 조작이 한곳에서 통합적으로 이뤄진다. 참고로 슈터는 캐터펄트 작업 시 기존 방법과 ICCS를 사용한 방법을 선택할 수 있어 상황에 맞게 판단하면 된다.

ICCS는 한곳에서 통제할 수 있지만, 창문 너머로 갑판 위의 안전을 확인해야 해서 시야가 제한적이다. 그래서 비행갑판의 ICCS 옆에 배치된 또 다른 캐터펄트 안전 관측원이 안전 확인 작업을 보좌한다.

ICCS는 악천후 시에 작업을 편하게 해주지만, 날씨가 나쁠 때일수록 ICCS를 사용하지 않고 갑판 위에 나와 자신의 눈으로 안전을 직접 확인하면서 작업하는 방식을 선호하는 슈터도 있다. 어느 쪽을 선택할지는 슈터가 스스로 결정하면 된다.

캐터펄트1과 2의 사이에 설치된 ICCS. 내부에서 캐터펄트를 조작할 수 있다.
(사진: 가키타니 데쓰야)

ICCS가 갑판 아래에서 솟아오르는 모습. (사진: 가키타니 데쓰야)

ICCS 내부에서 본 갑판은 시야가 제한적이다. 안전 유지를 위해 보조 요원을 추가 배치해 대처한다. (사진 제공: 미국 해군)

리니어 모터 캐터펄트

증기식보다 유리한 첨단기술

앞서 설명한 증기식 캐터펄트는 70년 이상의 역사를 자랑하며 이미 확립된 기술이지만 증기를 발생시키는 보일러나 배관의 정비를 비롯해서 캐터펄트 실린더를 정비하는 데도 시간이 오래 걸린다. 이와 같은 작업상의 결점뿐만 아니라 발함 시 캐터펄트의 충격이 기체에 미치는 영향도 무시할 수 없으며 압력을 조절하는 데도 한계가 있다.

그래서 리니어 모터(linear motor)의 원리를 캐터펄트에 응용하는 기술이 연구됐다. 전자식 캐터펄트(ElectroMagnetic Aircraft Launch System, EMALS)라고 불리는 기술은 전자석의 N극과 S극 사이에 일어나는 반발 작용을 이용한다. N극과 S극을 연속으로 배열해 셔틀을 앞으로 밀어낸다. 자기부상열차와 같은 원리다. 공급 전력을 기체 무게에 맞게 미세 조절할 수 있어 기체나 조종사에 가해지는 충격을 이상적인 수치로 줄일 수 있다는 장점이 있다. 또한 다음 발함까지 준비하는 시간도 단축할 수 있고, 보일러나 증기 배관도 필요 없어 공간을 절약하는 효과도 기대할 수 있다.

대용량의 전력 발생 장치와 백업 장치가 필요한 탓에 전자식 캐터펄트는 아직 완성 단계가 아니다. 당초 니미츠급 10번함 또는 신형 항공모함 CVN 21에 탑재할 예정이었으나 기술적인 측면에서 많은 과제가 남아 있어 증기식 캐터펄트를 탑재했다.(제럴드 R. 포드 항공모함에는 채용했다.) 완성되더라도 운용 검증이 끝날 때까지는 증기식도 함께 탑재할 필요가 있어 모든 항공모함이 전자식 캐터펄트를 갖추려면 수십 년은 걸릴 것으로 전망된다.

전자식 캐터펄트의 일부. 각진 모양의 레일과 셔틀 부분이다. (출처: Global Security.org, http://www.globalsecurity.org/)

전자식 캐터펄트의 이미지

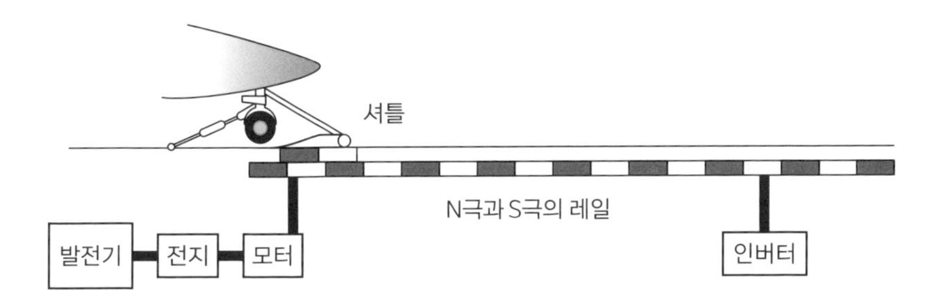

2-12 제트분사 편향판

엔진 배기로부터 사람과 물건을 보호한다

캐터펄트 뒤쪽에는 반드시 제트분사 편향판(JBD)이 있다. 발함기는 캐터펄트 위치에 도착하면 발함 시 엔진 출력을 최대치로 높이기 때문에 뒤쪽의 갑판 요원이나 장비 및 기체 등에 피해가 생기지 않도록 JBD를 세워서 엔진 분사를 차단한다. JBD는 제트엔진에서 발생한 열 때문에 표면이 변형돼 갑판에 격납되지 않거나 갑판 부분에 요철이 생길 수 있다.

이를 방지하기 위해 JBD의 뒷면은 냉각수가 순환해 JBD의 표면 온도를 낮춘다. 다만 JBD 냉각에 전용 냉각 장치를 설치하려면 공간이 필요하고 정비에도 추가로 수고가 들기 때문에 아주 간단한 구조로 만들었다. 비행갑판 아래의 03갑판 안에서는 승무원들이 생활과 작업을 병행하므로 항상 냉방을 하는데, JBD로 보내는 물은 03갑판의 천장에 설치한 배관을 통과한다. 즉 사람이나 컴퓨터 기기 등에 쓸 냉각수를 이용한다. 덕분에 JBD는 별도의 전용 냉각 장치 없이 항상 낮은 온도를 유지할 수 있다. 온도를 감독하는 것 또한 에어 보스의 일이다.

프로펠러기 시대에는 문제가 없었지만, 제트엔진이 등장하면서 배기열 문제가 대두됐다. JBD를 냉각하는 방법이 고안되기 전에는 JBD를 아래층에서부터 수직으로 세워서 제트엔진의 배기열을 옆 방향으로 흘려보냈으나 발열 방향에 따라 작업이 제한돼 불편했다. 제트엔진 시대가 열리면서 캐터펄트와 경사갑판 같은 장비가 개발됐는데, 냉각 장치가 달린 JBD도 효율적이고 안전한 발함 작업을 위해 개발된 장비다.

좌현 끝 쪽에 있는 캐터펄트4의 JBD (사진 제공: 미국 해군)

JBD의 뒷면에는 배관이 설치돼 있으며, 여기에 JBD를 냉각하는 냉각수가 흐른다. (사진 제공: 미국 해군)

2-13 갑판 발함

스키 점프처럼 발함하다

캐터펄트를 사용하지 않고 자력으로 활주해 발함하는 것을 갑판 발함(deck launch)이라고 한다. 현재 미국 해군은 강습상륙함에 탑재된 AV-8B 해리어 공격기만 갑판 발함을 한다. 항공모함에서는 1970년대까지 사용했던 C-1A 수송기가 갑판 발함을 했다. 또한 캐터펄트를 장비한 미국과 프랑스의 항공모함 이외에는 모두 갑판 발함 방식으로 함재기를 발함한다. 그런데 미사일이나 폭탄을 많이 실은 무거운 기체가 제트엔진만의 힘으로 기체에 양력을 발생시키려면 활주 거리를 늘려야만 했다.

그래서 활주 거리가 제한적인 항공모함은 함수 쪽 비행갑판을 위쪽으로 끌어올린 스키 점프대 방식을 채택해 전투기의 발함 문제를 해결했다. 이 방식은 슈터가 불필요하고 에너지 절약에도 효과적이다. 발함과 착함의 사이클 시간도 줄일 수 있다. 반면 스키 점프대가 설치된 곳은 한 곳뿐이라서 한 번에 발함할 수 있는 기체는 한 대뿐이다. 즉 영국이나 이탈리아의 항공모함에서 해리어 공격기 여러 대를 발함해야 할 때는 시간이 상당히 지체될 수밖에 없다.

러시아나 중국과 같이 가로 폭이 넓은 항공모함에서는 각도가 서로 다른 활주선 두 줄을 그어 발함 시간을 줄였다. 실수로 2대가 동시에 활주하지 않도록 활주 시작 지점에는 갑판에 바퀴 잠금이 장치돼 있어 이를 해제해야 활주를 시작할 수 있다. 참고로 항공모함 스키 점프대의 각도는 나라마다 다른데, 함정의 전체 길이나 탑재 기체의 성능 등을 고려해 각도를 설정한다.

영국의 항공모함, 퀸 엘리자베스호의 스키 점프대에서 발함하는 F-35B의 모습.
(사진 출처: http://www.defenceimagery.mod.uk)

러시아 항공모함 어드미럴 쿠즈네초프의 갑판 모습. 노란색 활주로 2개가 보인다.

Column

항공모함의 함장은 왜 조종사 출신인가?

미국 해군 항공모함의 함장은 조종사 출신이어야 한다. 대부분 A-6 인트루더 공격기, A-7 콜세어 II 공격기, F/A-18C 호넷 전투 공격기 등 공격 비행대대 출신이다. 즉 항공모함을 지휘하려면 공격기 작전 지식을 갖춰야 한다. 이 같은 사실을 통해 항공모함이 공격 부대를 위한 함정임을 알 수 있다. 물론 함장은 함정 조종이나 항해와 관련한 지식도 알아야 한다.

함장이 되기 전에는 보급함 같은 대형 수상함에서 부함장을 경험하며 항해와 함정 조종 기술을 익힌다. 항공모함의 함장이 되면 경험이나 지식이 다소 부족해도 우수한 부함장의 도움을 받을 수 있다. 항공모함의 함장 계급은 대령인데 함재기 부대를 관리하는 항공모함 비행단(carrier air wing, CVW)의 지휘관(commander air group, CAG)도 대령이다. 항공모함의 함장은 함정 운항을 책임지고, CAG는 함재기 운용을 책임진다.

또한 항공모함 내에는 함정 운항과 항공모함 비행단의 작전을 지휘하는 항공모함 기동부대(task force, TF)의 사령부가 있으며 사령관은 소장(또는 준장)이다. TF의 사령관(commander task force, CTF)도 조종사 출신이지만 대부분 CAG 경험자고 항공모함 경험자는 소수다. 참고로 항공모함의 함장을 역임하면 이후에는 대부분 지상직으로 발령하는 듯하다.

항공모함 로널드 레이건의 함장석에 앉은 함장. 비행 재킷에는 1,000회 착함을 나타내는 패치가 있다. (사진: 가키타니 데쓰야)

함재기의 착함

함재기 조종사에게 항공모함 착함은 매우 어려운 기술이다. 그만큼 함재기 조종사로서 자부심도 강하다. 항공모함에서는 함재기가 무사히 귀환하도록 유도하고, 안전한 착함이 되도록 세심한 주의를 기울인다.

항공모함에 접근하는 F/A-18F 슈퍼호넷 전투기. 와이어를 포착하려고 후크를 내렸다. (사진: 가키타니 데쓰야)

함재기 유도하기 ❶

공중급유는 필수

항공모함은 대부분 적의 공격을 피해 함재기가 작전을 벌이는 곳에서 수백 킬로미터 떨어진 해역을 항해한다. 즉 함재기가 공격을 마치면 먼 거리를 날아 항공모함까지 돌아가야 한다는 의미다. 공격에 참여한 조종사는 공격 종료 후 공군의 E-3 공중조기경보관제기(Airborne Warning And Control System, AWACS)의 명령을 받아 공군의 KC-135 공중 급유기가 대기하고 있는 공역으로 이동해 연료를 급유한다.

C-2 수송기와 E-2C 조기경보기, 헬리콥터를 제외한 함재기는 공중에서 급유기로부터 급유하기 위해 프로브(probe)라는 장치를 장비한다. 급유기는 드로그(drogue)라는 바구니 형태의 급유 장치를 기체에서 늘어트리고, 함재기 조종사는 프로브를 드로그 안에 끼우려고 기체를 유도한다. 연료 탱크는 완전히 비어 있지 않기 때문에 급유 시간은 대부분 2분 정도다.

급유가 끝나면 이번에는 항공모함에서 발진한 E-2C 호크아이 조기경보기와 접촉한다. E-2C로부터 항공모함의 관제권 쪽으로 비행하라는 이동 지시를 받고 항공모함에서 약 50마일 이상 떨어진 지역을 담당하는 스트라이크 관제의 유도를 받는다. 항공모함의 스트라이크 관제와 교신이 되면 조종사는 남은 연료량을 알린다. 착함까지 연료가 부족하면, 드로그가 달린 공중급유 장치를 탑재한 F/A-18E/F 슈퍼호넷이 항공모함 상공 부근에서 대기하다가 급유한다. 항공모함의 관제사들은 함재기가 연료가 떨어져 추락하지 않도록 항상 공중 급유기를 대기시키고 만일을 대비해 육상 비행장에 내릴 준비를 한다.

공군 KC-135 공중 급유기로부터 급유를 받는 F/A-18C. 늘어트린 드로그에 함재기 쪽 프로프를 연결하려고 시도 중이다. (사진: 가키타니 데쓰야)

항공모함 부근에서 연료를 급유하는 역할은 함재기인 F/A-18E/F 슈퍼호넷의 몫이다. 동체 아래에 버디 포드(buddy pod)라는 급유 장치를 장착할 수 있다. (사진 제공: 미국 해군)

함재기 유도하기 ❷

누가 착함 지시를 내릴까?

항공모함 운영의 중추는 전투지휘소(Combat Direction Center, CDC)라고 불리는 곳이다. 함재기의 항공작전과 항공관제의 대부분이 CDC에서 이뤄지기 때문이다.

CDC 내부에 있는 스트라이크 관제 데스크는 목표를 향해 비행하는 기체나 항공모함에서 50마일 이상 떨어진 곳을 비행 중인 기체를 유도하는 역할을 한다. 레이더로 포착한 다른 항공기의 위치, 공중 급유기의 위치, 항공모함의 위치, 각각의 주파수 등을 비행 중인 조종사에게 전달한다. 항공모함의 위치와 공격 목표가 가까우면 스트라이크 관제 데스크와 E-2C 호크아이 조기경보기가 공격을 위한 관제를 실시해서 적기의 접근과 민간기의 비행 상황을 공격 부대의 조종사에게 알린다.

착함기가 스트라이크 관제권에서 항공모함으로 접근하면 이번에는 항공모함에서 반경 20~50마일 사이를 담당하는 '마셜'이라는 관제관과 교신해 유도를 받는다. 마셜 관제 데스크는 CDC 옆의 항공 교통 관제소(Carrier Air Traffic Control Center, CATCC)에 있으며 CDC는 작전 전반의 중추, CATCC는 비행 관제의 중추라고 할 수 있다.

마셜은 함재기가 항공모함에 적절히 착함할 수 있도록 착함 방식을 결정하고 조종사에게 착함을 위한 상공 대기 장소와 고도, 진입 경로를 지시한다. 여기서도 필요하다면 공중급유를 위해 급유기를 준비할 수 있다. 해역의 기상 상황, 주야간 시간대, 전파 발신 제한 등 다양한 이유로 착함기는 마셜 관제 데스크가 지시하는 착함 방법을 준수해야 한다.

항공 교통 관제소의 항공 작전실(air ops). 비행 스케줄과 현재 비행 중인 기체 상황을 대형 디스플레이로 표시한다. (사진: 가키타니 데쓰야)

항공 교통 관제소 내부의 모습. 항공모함에서 20~50마일 떨어진 지역의 관제를 담당하는 마셜 관제 데스크. (사진: 가키타니 데쓰야)

함재기 유도하기 ❸

착함기가 한꺼번에 몰리면?

착함 방식은 에어 보스가 결정한다. 방식은 CASE라고 부르며 크게 CASE I, CASE Ⅱ, CASE Ⅲ로 나눈다. 항공모함 주변에 구름이 적고 시정(視程)이 5km 이상인 낮 시간대라면 조종사가 자신의 눈으로 외계를 보면서 비행하는 유시계 비행 방식(Visual Flight Rules, VFR)으로 조종하고, CASE I으로 착함할 것을 지시한다. 유시계 비행 방식이더라도 항공모함 주변 1,000피트에서 3,000피트 상공에 구름이 많으면 CASE Ⅱ로 착함을 지시한다. 야간이거나 낮이라도 항공모함 주변의 기상이 나빠 조종사가 계기로 비행하는 계기 비행 방식(Instrument Flight Rules, IFR)이라면 CASE Ⅲ로 착함을 지시한다.

또 함재기가 연달아 한꺼번에 항공모함으로 돌아왔을 때는 한 번에 모두 착함할 수 없기 때문에 항공모함에서 떨어진 공역을 대기 구역으로 설정한다. 대기 구역에서는 서로 고도를 달리한 착함기가 선회하면서 차례를 기다린다. 기상이 나쁘면 조종사는 다른 착함기를 확인할 수 없어 위험하므로 고도를 달리해서 비행해야 한다. 이때도 대기 중에 연료가 소진되는 것을 고려해 급유기도 상공에 대기시킨다.

착함기는 착함 코스 진입이 허용되면 착함을 위한 패턴에 들어간다. 에어 보스는 갑판이 안전 상태(green deck)면 조종사에게 착함을 허가한다. 유시계 비행 방식이면 최종 유도를 담당하는 착함신호 장교(Landing Signal Officer, LSO)와 교신하고 육안으로 갑판의 신호를 보면서 착함한다. 계기 비행 방식이면 CATCC의 레이더 감시에 따른 지시를 받으면서 착함한다.

항공모함의 이동에 따른 비행 코스

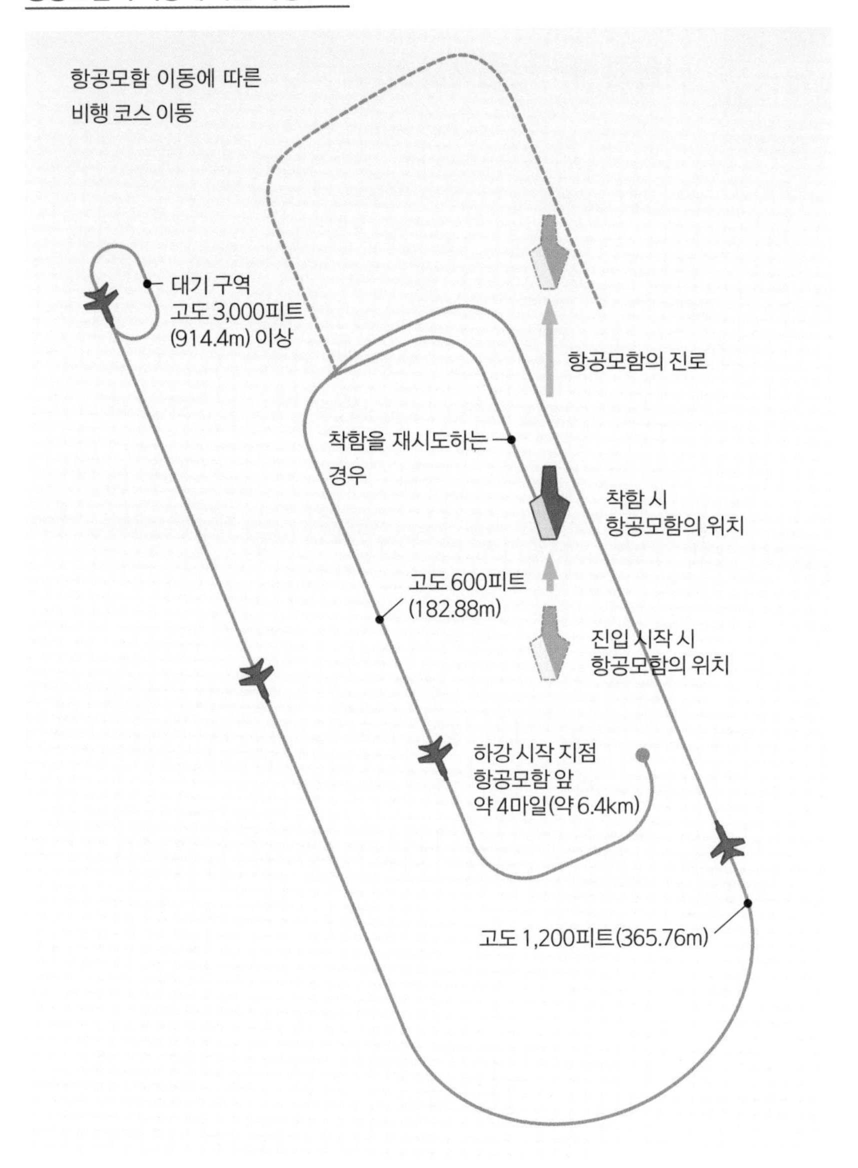

CASE I의 착함기 비행 코스. 대기 구역이 설정돼 있다면 대기 구역에서 서서히 고도를 낮춰 항공모함의 상공을 한 번 통과한 후 하강 시작 지점으로 향한다. 항공모함도 이동하고 있기에 착함기의 비행 패턴이나 대기 구역도 항공모함의 위치에 따라 바뀐다.

※1피트는 0.3048m(30.48cm)

※1마일은 약 1,609m

경사갑판

착함할 장소는 정해져 있다

착함기가 착함하는 장소는 갑판 위의 경사갑판이라고 불리는 곳이다. 항공모함의 중심선에서 좌현 쪽으로 9도 기울어져 있다. 경사갑판은 약 270m이며 어레스팅 와이어, LSO 플랫폼, 개량형 프레넬 렌즈 광학 착함 시스템(Improved Fresnel Lens Optical Landing System, IFLOLS), 갑판에 내장된 CCD 카메라 PLAT, 긴급 시 사용하는 바리케이드 등 착함에 대비한 시스템을 갖추고 있다.

조종사는 갑판 위의 와이어를 향해 기체를 올바른 각도로 강하시키면 실패 없이 착함할 수 있다. 그러나 실제로는 항공모함이 나아가는 방향과 경사갑판의 각도가 틀어져 있으므로 조종사는 항상 기체를 약간 오른쪽으로 돌리면서 기수를 경사갑판의 중심선에 맞춰야 한다. 또한 선체가 흔들리면서 함수가 상하 또는 좌우로 움직이므로 경사갑판의 표면은 항상 착함기에 평행하다고 할 수 없다.

조종사는 와이어 4개(9번함 로널드 레이건 이후에는 3개) 중 함미에서 3번째 No. 3 와이어를 노리지만 착함기의 고도가 높으면 후크가 와이어에 걸리지 않고, 고도가 낮으면 함미에 충돌한다. 그래서 LSO의 지시나 IFLOLS의 표시를 주의 깊게 보면서 고도를 서서히 떨어뜨려 '터치다운'시킨다.

터치다운 순간은 와이어를 포착했는지와 관계없이 엔진 출력을 풀파워로 올린다. 와이어를 놓쳤을 때를 대비해 즉시 기수를 올려 재상승하기 위함이다. 와이어를 포착했다면 엔진 출력을 낮춘다.

경사갑판에 설치된 장치

6명의 LSO가 활동하는 LSO 플랫폼

조종사가 육안으로 자기의 위치를 알기 위한 장치인 IFLOLS

착함기를 포착하기 위한 어레스팅 와이어

긴급 시 사용하는 바리케이드

LSO가 조작하는 LSO 콘솔

갑판에 매립된 CCD 카메라, PLAT에 찍힌 영상

사진 제공: 미국 해군 (왼쪽 맨 위와 아래는 가키타니 데쓰야)

IFLOLS와 LSO

조종사에게 기체 상황을 전달한다

항공모함에는 착함기가 올바른 각도로 진입해 갑판 위의 와이어를 무사히 포착할 수 있도록 갑판과 착함기의 각도를 3.5도로 유지하는 글라이드 슬로프(glide slope)라는 적정 코스가 설정돼 있다. 조종사는 자신이 글라이드 슬로프 위를 올바르게 강하하고 있는지 알기 위해 경사갑판 좌현 쪽에 있는 IFLOLS의 램프 위치를 확인하면서 강하한다.

IFLOLS는 가로세로로 램프가 여러 개 나열된 장치다. 가로 램프를 기준으로 세로 램프의 위치에 따라 진입 각도가 올바른지를 나타낸다. 가로 램프의 위치에 세로 램프가 정확하게 모이면 적당한 각이다. 착함기가 올바른 자세인지 확인하는 LSO 6명은 경사갑판 위에 내장된 소형 카메라의 영상을 보면서 조종사에게 기체를 좌우 및 상하 방향으로 조종하도록 무선으로 지시한다. 또한 후크나 플랩의 상태도 확인해 조종사에게 전달한다.

조종사는 IFLOLS를 육안으로 확인하면서 동시에 LSO의 지시를 귀로 확인하며 적정한 각도로 강하한다. 착함기의 강하 각도, 좌우 위치 등 자세가 올바르지 않으면 LSO가 지팡이 모양의 스위치를 눌러 IFLOLS의 빨간색 램프를 점멸한다. 그러면 조종사는 신속하게 기체를 상승시키고 가속해 착함 재시도를 위한 코스로 향한다. 이를 웨이브 오프(wave off)라고 한다.

착함기가 올바른 각도로 진입해도 터치다운 순간에 자세가 나쁘거나 함정이 흔들리면 후크가 와이어를 하나도 포착하지 못할 수도 있다. 이런 상황을 볼터(bolter)라고 하며 마찬가지로 착함 재시도 코스로 진입한다.

IFLOLS는 가로로 늘어선 파란색 램프의 기준선, 중앙의 세로로 늘어선 기체의 위치를 나타내는 램프, 착함 재시도를 지시하는 빨간색 램프로 구성된다. (사진: 가키타니 데쓰야)

LSO(사진 오른쪽 위)는 착함기의 자세를 판단해 조종사에게 전달한다. 엔진 출력 상태를 소리로 판단하기 때문에 예외적으로 헬멧을 착용하지 않는다. (사진: 가키타니 데쓰야)

어레스팅 시스템

착함 시 와이어가 끊어지면 어떻게 될까?

착함기는 아무리 속도를 줄여도 착함 직전의 속도가 130kt(약 240km/h) 정도다. 와이어를 이용해 이 속도를 제로로 떨어뜨리기 때문에 아무래도 기체와 조종사에 가해지는 충격은 클 수밖에 없다. 충격을 흡수하는 현재의 어레스팅 시스템(구속 장치)을 사용해도 와이어에는 약 50톤, 주 랜딩기어에는 약 80톤의 하중이 발생한다. 제트기가 등장한 1950년대에는 기체가 파손되거나 조종사가 의식을 잃는 사고가 일어나기도 했다.

사고 방지를 위해 어레스팅 시스템이 개량돼 현재 사용하는 Mk7 어레스팅 시스템은 착함기의 충격을 완화하도록 후크가 와이어를 포착하는 순간에 적절히 이완하도록 고안됐다.

비행갑판 아래층에는 어레스팅 와이어를 제어하는 어레스팅 엔진실이 있다. 와이어는 후크에 걸리는 순간 당겨지며, 어레스팅 엔진 내의 유압펌프가 와이어에 장력을 발생시킨다. 또 기체가 제지되면(후크가 와이어를 당기지 않을 때) 유압펌프는 멈춘다. 참고로 어레스팅 엔진은 와이어 하나당 1대다.

착함기가 어떤 와이어를 포착할지는 알 수 없다. 그래서 어레스팅 엔진 컨트롤 요원은 모든 와이어에 장력을 가한다. 와이어가 끊어지는 사고도 일어날 수 있는데, 착함기 회수가 우선이므로 그때는 와이어의 조인트 부분을 즉시 분리하고 다른 와이어의 포착을 노린다.

EA-6B 전자전 공격기가 와이어를 포착하는 순간. 와이어는 리트랙터블 시프라는 도르래(갑판 위의 흰색 장치)를 통해 아래층의 어레스팅 엔진실과 연결돼 있다. (사진 제공: 미국 해군)

03갑판에 있는 어레스팅 엔진. 사진에서는 좌우에 1대씩 있다. 통 모양의 장치가 유압펌프가 있는 유압 탱크다. (사진: 가키타니 데쓰야)

바리케이드

조종사와 기체를 지키는 마지막 생명줄

상공에서 착함기의 어레스팅 후크 또는 랜딩기어에 문제가 생기거나 조종사에게 위급한 상황이 발생하면 정상적인 방법으로 착함할 수 없다. 이럴 때는 바리케이드를 사용해 착함시킨다. 착함기의 체공 시간에 여유가 있다면 다른 착함기를 먼저 착함시키고 문제의 착함기는 폭탄, 미사일 등 탑재 무기와 연료를 투기해 착함 시 화재를 최소화한다. 모든 기체가 착함하면 경사갑판 주변의 함재기도 모두 격납갑판(hanger deck)으로 대피시키고 나머지 기체들도 최대한 함수 쪽으로 이동시킨다.

어레스팅 와이어3과 4 사이*에 제5의 와이어인 비상 와이어를 설치하고 바리케이드 스탠천(stanchion)이라는 기둥을 세운다. 바리케이드 스탠천에 나일론 바리케이드를 펼치고 비상 와이어도 사용해 착함기가 그물에 걸리면 회수한다. 기체가 바리케이드로 돌진하면 소방차가 달려가 소화제를 살포해 화재를 방지한다. 또한 충돌 구조 요원(crash and salvage crew)이 조종사를 구출하고 공군 의무관이 무기 엘리베이터를 사용해 함정 내 병원 구역(sick bay)으로 이송한다.

착함 시 조종사의 컨디션이 좋지 않거나 부상을 입었다면 F/A-18 호넷 전투기는 자동 착함 장치를 사용할 수 있다. 평소에 자동 착함 장치를 사용하면 조종사의 착함 기술이 떨어지기 때문에 비상시 이외에는 사용 금지다.

* 항공모함 로널드 레이건 이후 건조된 니미츠급은 와이어2와 3 사이에 설치한다.

베트남전쟁 중에는 바리케이드를 사용한 착함이 빈번했지만 베트남전쟁 후에는 기체의 정비성이 향상해 극히 드물어졌다. 사진은 F-8 전투기가 긴급 착함한 모습. (사진 제공: 미국 해군)

베트남전쟁 중 항공모함 키어사지에서 바리케이드에 걸린 A-4 공격기 (사진 제공: 미국 해군)

스탠천은 갑판 표면이 그대로 판자 모양으로 세워지는 장치다. 매일 아침 반드시 동작을 확인한다. 바리케이드 아래에는 비상용 어레스팅 와이어도 설치한다. (사진 제공: 미국 해군)

Column

공군 조종사도 착함할 수 있을까?

항공모함 착함은 착륙 기술보다 핀포인트로 와이어를 포착할 수 있는 정밀한 터치다운 기술이 필요하다. 와이어는 기체의 진행 방향과는 달리 오른쪽으로 비스듬하게 이동하기 때문에 활주로가 고정된 지상에서 착륙하는 일과는 크게 다르다. 하지만 공군 조종사도 기술만 익히면 착함할 수 있다. 실제로 미국 해군에는 함재기 조종사를 동경해 공군 조종사에서 해군으로 전향한 사람도 있다.

함재기로 개발된 기종을 공군에서 채용한 나라도 있다. 스페인과 호주 등이 채용한 F/A-18계 전투기가 대표적이다. 특히 스위스의 F-18C는 육상 운용에 전혀 필요 없는 캐터펄트 런치 바까지 장착하고 있어 이론상으로는 항공모함에서 운용하는 공군기다.

미국 공군이나 일본의 항공자위대에서 사용하는 F-15 전투기는 공군기로 설계돼 항공모함에 착함할 수 없지만, 전투기 이외라면 공군기가 발착함한 사례가 있다. 1960년대 미국 정보국(CIA)은 U-2 정찰기의 항공모함 운용 시험을 키티호크를 비롯한 항공모함 3척에서 실시한 바 있다. 기체에 특별히 후크를 장착했지만, 캐터펄트를 사용하지 않는 갑판 발함 방식을 썼다.

어레스팅 후크를 내리는 스위스 공군의 F-18C. 주 랜딩기어에 장착한 캐터펄트 런치 바도 보인다. (사진: 가키타니 데쓰야)

1969년 항공모함 아메리카에서 CIA가 U-2R 정찰기 항공모함 운용 시험을 했다. (사진 제공: 미국 국방부)

항공모함의 내부 시설

니미츠급 항공모함은 항공기 약 80대를 운용하는 기지로서 중소국 공군력을 뛰어넘는다는 명성이 자자하지만, 그에 걸맞지 않게 너무 작다. 가용 면적을 모두 활용해도 육상 항공 기지의 활주로 면적에 미치지 못한다. 하지만 내부 시설에는 필요한 기능이 집약돼 있다.

하와이의 푸른 하늘을 뒤로하고 출항하는 항공모함 로널드 레이건. 갑판 위의 작은 함교에는 항공모함을 조종하는 시설이 마련돼 있다. 작전 지휘는 비행갑판 아래의 어두운 방에서 이뤄진다. (사진: 가키타니 데쓰야)

전투지휘소(CDC)

모든 정보가 모이는 작전의 중추

항공모함 타격단(Carrier Strike Group, CSG)의 모든 작전은 전투지휘소(Combat Direction Center, CDC)가 지휘한다. CDC의 역할은 크게 두 가지로 나누는데 하나는 항공모함 타격단 전체의 지휘다. 항공모함의 레이더나 각종 센서로 얻은 정보는 물론이고 '링크' 또는 '합동 교전 능력'이라는 네트워크로 상공의 항공기나 다른 함정의 정보를 집약해 디스플레이에 나타낸다. 지휘관들은 이 디스플레이를 보면서 부대의 움직임을 파악한다.

디스플레이를 앞에 두고 왼쪽 후방에 위치한 사령부 지휘소(Tactical Flag Communications Center, TFCC)는 각 함정과 연계하는 역할을 한다. 디스플레이 왼쪽에 수상부대를 지휘하는 수상전 구역이 있어 호위하는 함대 및 동맹국 함정과 연대해 작전을 수행할 수 있다. 동맹국과 합동 훈련을 할 때는 이 구역에 호위함대 사령부 요원을 배치한다. 또 다른 역할은 항공모함의 방어다. 적의 공격을 받으면 대형 디스플레이 오른쪽의 전자전 구역에서 적 미사일의 전파를 탐지 · 해석하고 전자전 장교(EWO)가 전자방해를 지시한다. 또 항공모함에 접근하는 적기 및 미사일에 대응하기 위한 시스패로 대공 미사일의 발사를 관제 데스크에서 지휘한다. 뒤에는 대잠전 구역이 있어 대잠 헬리콥터나 이지스함 등에서 얻은 적 잠수함의 정보를 해석하고 자체 방어를 위한 대항책을 강구한다. 이러한 방어를 위한 무기관제 책임자는 CDC 중앙에 앉는 CDC 무기 장교(CDCWO)이며, 지휘관의 발사 명령을 받아 발사를 지휘하는 사람은 옆자리의 전술 행동 장교(TAO)다. 함재기를 관제하는 항공모함 항공 교통 관제소가 인접해 있다.

CDC는 항공모함 타격단 지휘와 항공모함 방어를 지휘하는 곳이다. 디스플레이가 많아서 조명은 어둡게 해둔다. (사진: 가키타니 데쓰야)

적의 미사일 접근을 탐지하고 추적하는 목표 포착 시스템 데스크와 시스패로 대공 미사일 관제 데스크가 나란히 놓인 CDC의 일부분이다. (사진: 가키타니 데쓰야)

마스트와 레이더

구식이 되면 최신형으로 교체한다

니미츠급 1번함부터 최신 10번함까지 약 40년이 흐르는 동안 레이더와 센서 기술은 눈부시게 발전했다. 항공모함의 메인 마스트에 설치된 레이더나 각종 센서도 정기 정비 시 전자기기를 대규모로 교체하는가 하면 필요할 때 마스트 전체를 바꾸는 공사도 진행한다.

교체 작업을 하면 형태가 크게 달라진다. 각기둥과 원기둥, 야드(가로 활대)의 수를 2개 또는 3개로 다양하게 조합할 수 있어 외관만 보고 구식과 신식을 구별할 수는 없다. 원기둥 마스트의 머리 쪽에 WSC-6 위성 통신 안테나, 각기둥 마스트의 머리 쪽에 SPQ-9B 수상 경계 레이더가 설치된다.

마스트를 교체하면 각종 센서뿐만 아니라 방위력을 높이는 함정 자체 방어 시스템(Ship Self-Defense System, SSDS)도 새로 탑재한다. SSDS는 대공, 대수상, 수중 위협에 더 향상된 통합 정보 처리와 대처가 가능하다.

니미츠에 탑재된 SSDS Mk2 Mod.1의 주요 개선점은 적의 대함 미사일이나 적기를 탐지하는 AN/SPS-48E 및 AN/SPS-49(V)5 대공 레이더, 적의 전파를 탐지하고 방해전파를 발사하는 AN/SLQ-32(V)4 전자함 장치 등 각종 레이더를 비롯해서 자체 방어 수단인 4대의 Mk57 시스패로 대공 미사일 중 2대를 단거리 대공 미사일 RIM-116 롤링 에어프레임 미사일(Rolling Airframe Missile, RAM)로 교체할 수 있다는 점을 들 수 있다. SSDS 장비는 대공 강화의 일환으로 항공모함을 지키는 이지스함의 방공 능력을 보완하고, 이지스함의 약점으로 꼽히는 소형기의 저속·저고도 자폭 테러에도 대비할 수 있다.

항공모함 조지 워싱턴의 마스트(2008년) (사진: 가키타니 데쓰야)

합동 교전 능력

여러 함정과 항공기와의 연계

자체 방어 능력이 낮은 항공모함에는 호위함과의 정보 공유(데이터 링크)가 생명줄과 같다. 니미츠급의 최신 데이터 링크는 합동 교전 능력(CEC)이다. CEC는 미국 해군이 추진하는 네트워크 중심전(Network Centric Warfare, NCW) 중 하나로 니미츠급 항공모함과 일부 알레이버크급 구축함, 타이콘데로가급 순양함, 샌안토니오급 수송상륙함, 일부 와스프급 강습상륙함에 탑재됐으며 현재 탑재되지 않은 함정도 정기 정비 시 순차적으로 탑재할 계획이다. 이지스함이 아닌 항공모함과 상륙함 등은 함정 자체 방어 시스템(SSDS)과 링크해 시스패로, ESSM 등 대공 미사일에 적 미사일의 위치와 진행 방향 등의 데이터를 신속히 보낼 수 있다.

CEC는 그동안 사용해온 링크16 데이터 링크 시스템보다 대용량 데이터를 고속으로 송수신할 수 있다. CEC는 수상함뿐만 아니라 항공모함에 탑재되는 E-2C 호크아이 2000(HE2K) 조기경보기에도 장착돼 있다.

예를 들어 HE2K가 탐지한 적기나 적 미사일 데이터가 CEC를 탑재한 이지스함 A로 전송되면 이지스함 A는 이지스 레이더로 표적 정보를 합성해 정확도를 높인다. 그리고 그 데이터를 CEC를 탑재한 이지스함 B에 전송하면 이지스함 B는 탐지 추적용 이지스 레이더를 사용할 수 없는 상황에서도 미사일을 유도하는 표적 조사기(illuminator)만으로 SM-2 대공 미사일을 유도해 표적을 요격할 수 있다. 동시에 항공모함 SSDS에도 전송돼 이지스함의 SM-2 대공 미사일이 요격에 실패하는 만일의 경우에도 대비할 수 있다.

CEC를 이용한 요격 흐름의 예

E-2C 호크아이
2000 조기경보기

데이터 링크

데이터 링크

니미츠급 항공모함

데이터
링크

이지스함

시스패로 대공 미사일

SM-2 대공 미사일

사진 제공: 미국 해군

비행갑판 통제원

비행갑판의 '교통정리' 역할

비행갑판은 발함 및 착함 작업, 비행 작업이 없는 시간대 등에 따라 함재기의 위치가 어지럽게 바뀐다. 비행갑판 통제원은 안전하고 효율적으로 작업을 수행해야 할 뿐만 아니라 순간 판단력도 겸비해야 하는 중요한 역할을 담당한다.

비행갑판 통제원은 아일랜드(함교 구조물)의 1층(04갑판)에 있는 비행갑판 통제실에 있다. 여기에는 비행갑판과 격납갑판의 축척 도면이 위저보드(ouija board)에 인쇄돼 있다. 위저보드에 있는 모형 함재기가 기체 위치를 나타낸다. 비행갑판 통제원은 위저보드 위에서 모형 함재기를 움직이며 다음 비행 작업에 최적인 기체의 주기 장소를 선별해 안전을 확보할 수 있는지 파악한다.

모형 함재기에는 볼트와 너트, 핀 등이 올려져 있다. 볼트가 올려져 있으면 '엔진 시동 중'을 의미하고, 나비너트가 올려져 있으면 '날개를 펴고 정비할 예정'임을 의미한다. '60' 및 '30'이라고 쓰인 단추가 올려져 있는 모형 함재기는 60분 대기와 30분 대기 중인 긴급 발진기이며 실탄 장전을 마친 상태다. 노란색 핀과 초록색 핀은 비행할 그룹(이벤트라고 함)의 순서를 나타낸다. 검정색 핀은 '격납고로 갈 예정'이라는 의미다.

항공모함 내 디지털화가 진행돼도 위저보드만큼은 아날로그식이다. 디지털로 전환할 계획으로 연구와 실험이 시도되고 있지만, 사용 편리성은 아직 손가락 끝을 따를 수 없는 듯하다. 불과 11대인 항공모함 때문에 연구비를 들이는 것도 걸림돌일지 모른다.

위저보드의 원래 뜻은 점술판으로 여러 통제원이 항공모함 도면 위의 모형 함재기를 손으로 이리저리 움직이는 장면에서 유래했다. (사진: 가키타니 데쓰야)

위저보드 위에는 기체 번호가 적힌 모형 함재기가 놓여 있고, 작업 내용을 색이 다른 핀으로 구분해 표시한다. (사진: 가키타니 데쓰야)

항공기용 엘리베이터

항공기보다 작지만 문제가 없는 이유는?

니미츠급은 항공기용 엘리베이터를 우현 쪽에 3대, 좌현 쪽에 1대 운용하며 함재기를 이동시켜 비행갑판과 격납고를 오간다. 최소 너비는 격납고의 입구와 거의 같은 23.5m이며 길이는 약 16m다. 면적은 1대당 약 360m^{2}이며 고정익기는 2대, 헬리콥터는 3대까지 실을 수 있다. 길이가 약 16m밖에 되지 않는다는 것은 함재기의 전체 길이보다 짧다는 뜻이다. 하지만 함재기의 뒷부분이 바다 쪽으로 불거져 나오는 형태로 싣기 때문에 오르내리는 데는 문제가 없다.

다른 나라의 항공모함에는 갑판 쪽을 도려낸 형태의 엘리베이터도 있다. 그러면 엘리베이터 내부의 크기에 맞게 함재기를 넣어야 해서 향후 대형 함재기가 등장하면 실을 수 없다. 미국은 1950년대 후반부터 함재기의 대형화를 내다보고 엘리베이터를 항공모함의 현 쪽에 배치하는 슈퍼캐리어 디자인을 채택했다.

초대 슈퍼캐리어인 포레스탈급 항공모함은 경사갑판 끝에도 엘리베이터를 배치했다. 착함한 기체를 즉시 격납고로 이동시키기에 편리하리라는 판단이었다. 그러나 실제 운용을 해보니 착함 후 격납고로 곧장 이동시킬 기회가 적고 또한 엘리베이터를 내릴 때 전방에서 튀어 오르는 물보라가 기체에 영향을 미쳐서 불편한 점이 많았다. 결국 이 엘리베이터는 거의 사용하지 않았다. 이런 단점을 해소하려고 키티호크급 항공모함에서는 좌현 쪽 엘리베이터의 위치를 후방으로 옮긴 디자인을 채택해 현재까지 이 형태를 유지하고 있다.

항공모함 에이브러햄 링컨의 엘리베이터1. S-3A 바이킹 대잠기(지금은 퇴역)와 F/A-18E 슈퍼 호넷 전투기를 각각 1대씩 실은 모습. (사진 제공: 미국 해군)

격납고

대규모 정비가 이뤄진다

발착함이 없을 때는 비행갑판에서 기체 정비 작업을 할 수 있지만, 비행 작업이 재개되면 최소한의 공구만을 몸에 지니고 비행 전 점검을 수행할 수밖에 없다. 결국 대대적인 정비는 비행갑판 아래의 격납고에서 실시한다.

격납고는 면적이 약 2,530m^{2}이며 24시간 체제로 함재기를 정비한다. 다만 니미츠급에 탑재되는 함재기 약 80대 모두를 격납고에 격납할 수는 없기에 비행갑판에서 정비할 수 없는 기체를 격납고로 내려 정비하는 식이다. 격납고에는 약 30대를 격납할 수 있지만, 악천후를 제외하고 격납고가 가득 차는 일은 없다. 보통 10대 정도를 격납해서 정비한다.

함수 쪽과 함미 쪽 구역은 항공기용 엔진이나 대형 물자를 두는 창고를 겸한다. 격납고는 대형 방화문 2개가 있어서 세 구역으로 분할할 수 있으며, 적의 공격을 받았을 때는 문을 닫아 화재가 퍼지는 것을 방지한다. 또한 비행갑판에서 대규모 사고가 발생하면 함재기용 엘리베이터로 부상자를 격납고로 내리고, 부상자를 분류해 선별 치료(triage)도 진행한다.

이 밖에 격납고는 함장 교대식 같은 각종 행사를 여는 공간으로도 사용하며 보급함에서 전달한 대형 물자를 분류하는 작업장이나 항구에 입항했을 때 승무원의 출입구(현관문)가 되기도 한다.

니미츠급의 격납고. 사진 왼쪽이 함수, 오른쪽이 함미 쪽이다. 그 사이로 큰 문이 보인다. 사진 왼쪽은 엘리베이터 문이다. (사진 제공: 미국 해군)

E/A-6B 전자전 공격기를 정비하는 제139 전자전 공격 비행대대의 정비사. 품질 관리와 안전을 담당하는 요원이 흰색 유니폼을 입고 작업을 감독하는 모습이다. (사진: 가키타니 데쓰야)

항공기 중간 정비부

엔진 분사 테스트까지 할 수 있다

격납고에서 하는 정비에는 항공모함 비행단에 소속된 각 비행대대가 실시하는 정비 외에 항공기 중간 정비 부문(Aircraft Intermediate Maintenance Division, AIMD)이라는 항공모함의 정비 전담 부서가 실시하는 정비가 있다. AIMD는 아래의 4개 부문이 있으며 대규모 정비를 담당한다.

❶ 엔진 부문: 함재기의 제트 엔진을 정비한다.

❷ 컴포지트 부문: 기체 동체나 날개의 파손을 복구한다.

❸ 전자 부품 부문: 항공기용 레이더나 센서 등 에이비오닉스(avionics) 기기를 정비한다.

❹ 구난 장비 부문: 탑승원의 긴급 탈출 낙하산을 점검 · 정비한다.

AIMD는 격납고의 함수 쪽과 함미 쪽에 위치하며 팬테일(fantail)이라 불리는 함미에는 제트엔진 정비 구역과 엔진 분사 시험을 실시하는 테스트 셀이 있다. 분사 시험은 돌리(dolly)에 실린 엔진을 바다 쪽으로 내밀어 분사하는 식으로 실시한다.

AIMD는 터보프롭 엔진을 포함해 모든 유형의 함재기 엔진을 예비로 비축하고 있다. 이들 함재기용 엔진이나 부품은 보급함에도 탑재하고 필요 시 보급받는다. 이처럼 AIMD가 높은 함재기 운용률을 유지하기 때문에 미국 항공모함이 항상 즉각 대응 체제를 유지할 수 있는 것이다. 이러한 예비 부품을 포함해 만반의 정비 체제를 갖춘 항공모함은 미국 해군뿐이며, 함내에서 엔진 분사 테스트가 가능할 정도로 뛰어난 정비력을 갖춘 항공모함도 미국이 유일하게 보유 중이다.

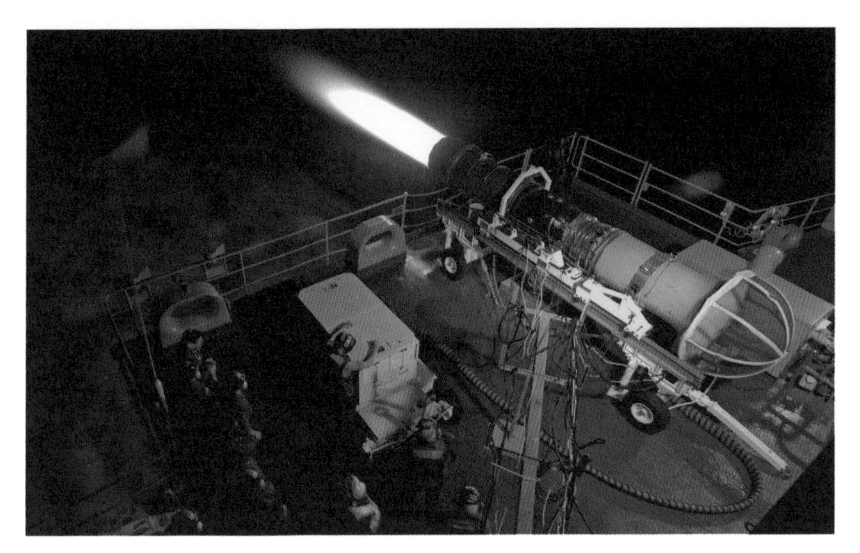

함미에서 엔진 분사 시험 중인 모습. 함미로 제트 엔진을 분사해도 함정은 가속되지 않는다. E-2C 나 C-2A와 같은 프로펠러가 달린 터보프롭 엔진은 테스트할 수 없다. (사진 제공: 미국 해군)

AIMD 요원이 함미의 AIMD 구역에서 엔진을 크레인으로 견인해 다른 엔진 스탠드로 옮기고 있다. (사진 제공: 미국 해군)

항해 함교

함장이 지휘하는 곳

항공모함의 함장은 항해 함교에서 지휘한다. 항해 함교는 비행갑판(04갑판)에서 6층에 해당하는 09갑판에 위치한다. 함장은 항해 함교의 비행갑판 쪽(좌현 쪽) 함장석에 앉아 함정 조종의 모든 책임을 진다.

함장의 주요 업무는 함재기가 원활히 이착륙할 수 있게 함수를 바람이 불어오는 쪽으로 향하도록 조타수에게 지시하는 일이다. 목적지로 항해할 때와 같이 진로를 크게 변경할 수 없을 때는 어느 정도 횡풍이 불어도 조종사가 이착륙할 수 있도록 세심하게 고려하며 함수 방향을 결정한다.

함재기 이착륙의 책임자는 프라이플라이의 에어 보스이지만 갑판 위의 풍향 및 풍속을 확인하고 이착륙 작업을 허가(green deck)하는 일은 함장의 역할이다. 항공모함의 본질은 함재기 운용이므로 함장은 조종사의 임무를 100퍼센트 이해하는 조종사 출신이어야 한다.

만약 함장이 함정 조종에 익숙하지 않다면 베테랑 부함장이나 당직사관이 보좌한다. 팀워크를 고양하는 차원에서 다른 부서와 달리 이곳만큼은 브리지 팀(bridge team)으로 부르며 팀 결속을 다진다.

브리지 팀에는 함교뿐만 아니라 010갑판에서 기류 신호를 게양하는 시그널 브리지(signal bridge)라는 요원과 주변 해수면을 육안으로 감시하는 워치(watch)라는 감시 요원도 포함된다. 항해 함교 우현 쪽에는 부두로 접안하거나 해상에서 보급을 받을 때 함장이 지휘하는 또 하나의 작은 항해 함교인 언렙 브리지(Underway Replenishment bridge, UNREP bridge)가 있다.

항공모함 시어도어 루스벨트의 항해 함교. 조타수가 잡은 타륜은 자동차 핸들보다 작아서 이제는 과거의 큰 타륜과 거리가 멀며 함정마다 디자인이 다르다. (사진 제공: 미국 해군)

고속 전투 지원함 브리지(AOE 10)에서 해상보급을 받는 항공모함 니미츠. 사진 왼쪽의 작은 돌출부가 언렙 브리지다. (사진 제공: 미국 해군)

사령부 함교

기자 회견장으로도 사용한다

항해 함교의 아래층 08갑판이 위치한 곳에 항해 함교와 비슷한 창문이 늘어선 층이 있다. 이곳은 사령부 함교(flag bridge)라고 하며 항공모함 타격군 사령관의 자리다. 명칭만 보면 사령관이 디스플레이나 창밖의 함재기 및 이지스함을 살펴보며 사령부 참모진과 작전 회의를 하거나 항공모함 타격단을 지휘하는 곳으로 생각하곤 한다. 그러나 실제로 사령관은 CDC나 사령관실에서 집무하기 때문에 사령부 함교에 있는 경우가 드물다.

사령부 함교의 사령관석 주위에는 CDC의 정보를 볼 수 있는 디스플레이가 설치돼 있지만, 의자는 사령관용 하나만 놓여 있고 창가로 두 사람이 겨우 지나갈 정도로 공간이 좁다. 그러다 보니 도저히 사령부 참모진과 함께 회의할 수 있는 환경이 아니다. 사령관이 사령부 함교를 찾는 경우는 항모를 방문한 VIP를 직접 안내하거나 보도진과 인터뷰할 때 정도다. 제2차 세계대전 때 사령관이 사령부 함교에서 지휘했기 때문에 지금은 이름만 남아 있을 뿐이다. 다만 악천후 시에는 주변 해역을 감시하기 위해 브리지 팀의 워치 요원이 배치되기도 한다.

일본 요코스카항에 배치된 미국 항공모함이나 기항하는 항공모함이 도쿄만의 요충지인 우라가 수로를 통과할 때는 해상보안청 직원들이 사령부 함교에 탑승해 순시정과 연락을 취하기도 한다. 또한 사령부 함교는 함교에서 작업하는 장교의 휴게실과 같은 역할도 해서 운동기구가 놓여 있는 항공모함도 있다.

연합 훈련을 실시 중인 항공모함 조지 워싱턴의 사령부 함교 내부. 이곳에서 취재진과 인터뷰를 하는 항공모함 타격단 사령관. (사진: 가키타니 데쓰야)

항공모함 키티호크의 사령부 함교에 일본 제3관구 해상보안본부 해상보안관이 주변을 경계하는 순시선과 연락을 취하기 위해 승선했다. 사진은 도쿄만 우라가 수로를 항행 중일 때의 모습이다. (사진: 가키타니 데쓰야)

해상보급

탄약부터 항공기 연료, 식량까지

해상에서 연료를 소비한 군함은 보급함의 해상보급으로 연료를 공급받는다. 니미츠급은 원자력 항공모함이므로 동력용 선박 연료는 필요 없지만, 함재기의 항공기용 연료나 호위함이 소비하는 선박 연료를 비축하려고 해상보급을 받는다. 이러한 각종 연료를 비롯해 탄약, 부품, 식량 등의 물자도 보급함으로부터 받는다. 이러한 보급을 라스(Replenishment At Sea, RAS) 또는 언렙(UNREP)이라고 한다.

보급함은 항공모함의 우현 쪽에서 약 50m 간격을 유지하며 13노트로 나란히 항행한다. 함장은 이때 함정 조종을 위해 항해 함교 우현 쪽의 언렙 브리지에서 두 함정 사이의 간격을 확인하며 조타수에게 지시한다. 급유 호스는 보급함 쪽에서 뻗어 나와 항공모함의 우현 쪽 급유구 두 군데로 연결해 급유한다.

급유 중에도 풍향 및 풍속에 문제가 없으면 함재기의 이착륙이 가능하다. 보급품은 와이어로 양쪽 함정을 이동해 전달하거나 보급함에 탑재된 범용 헬리콥터에 매달아 비행갑판으로 전달하기도 한다. 보급 시 작업 거리는 길면 수십 킬로미터에 달하기 때문에 항공모함의 헬리콥터가 전방에 선박이나 장애물이 없는지 확인한다. 미국 해군은 항공모함에 연료와 물자를 보급하는 보급함을 비롯해서 고속 전투 지원함의 운항을 해군의 해상 수송 사령부(Military Sealife Command, MSC)가 담당한다. 승무원은 함장 이하 소수만이 해군 소속 군인이고, 대부분은 민간인이다.

항공모함 로널드 레이건에 연료를 보급하는 고속 전투 지원함 브리지. 두 함정을 잇는 호스와 갑판으로 물자를 이송하는 헬리콥터가 보인다. (사진 제공: 미국 해군)

연료를 보급받기 위해 항공모함 조지 워싱턴(왼쪽)에 접근하는 구축함 정훈(DDG 93). 승무원이 보드로 상대에게 와이어 조작을 지시하고 있다. (사진 제공: 미국 해군)

탄약고

만일의 사태에 대비해 함교 우측에 위치한다

항공모함의 탄약고는 선체 바닥 부분에 있으며 정확한 위치나 층은 기밀 사항이다. 이는 적 잠수함의 어뢰 공격이나 흡착식 폭발물을 이용한 테러리스트의 표적이 되는 것을 막기 위해서다. 탄약고에서 비행갑판까지는 소형 탄약용 엘리베이터를 사용한다. 엘리베이터는 만일의 폭발에 대비해 비행갑판까지 직통이 아니며, 02갑판에서 다른 엘리베이터로 한 번 갈아탄다. 니미츠급에는 탄약용 엘리베이터가 9대 있으며, 비행갑판뿐만 아니라 격납갑판으로 접근하는 엘리베이터도 있다.

로널드 레이건 이후의 항공모함은 함교 구조물 내부에도 무기용 엘리베이터가 설치돼 있으며 함교 구조물 뒤쪽에서 접근할 수 있다. 함교 구조물 우현 쪽에는 바다를 마주하고 무기를 집결하는 일명 웨폰 랜치(weapon ranch)라는 구역이 있다. 이곳은 만약 탄약이 폭발해도 함교 구조물이 차폐물의 역할을 해서 비행갑판의 함재기까지 피해가 퍼지는 것을 막을 수 있다.

웨폰 랜치에서는 빨간색 유니폼을 착용한 무기과 승무원이 출격하는 함재기에 무기를 탑재하는 준비 작업과 착함기가 남겨온 탄약의 안전화 작업을 실시한다.

함재기에 무기를 탑재하는 일은 수동 윈치를 이용한 수작업이다. 지상 항공 기지에서는 로더(loader)라는 리프트가 달린 차량으로 신속하게 장착하지만, 좁은 갑판에서는 시간보다 공간을 우선시한다. 탄약을 장전한 발함기는 캐터펄트로 유도돼 발함 준비가 완료될 때까지 기체 주위의 안전을 확보하려고 발함 직전에 무기의 안전핀을 뽑는다.

무기용 엘리베이터는 갑판이 뚜껑 역할을 겸하고 있으며 솟구쳐 오르는 방식으로 열린다. (사진: 가키타니 데쓰야)

함교 우현 쪽의 웨폰 랜치에 늘어선 대공 미사일. 비행갑판의 함재기로 무기를 운반하기 위한 기점이다. (사진: 가키타니 데쓰야)

GBU-31 폭탄의 훈련탄을 F/A-18C에 탑재하는 무장 요원. 흰색 막대 모양의 윈치에서 나오는 와이어로 폭탄을 매달아 기체의 무장 장착대(pylon)에 장착한다. (사진 제공: 미국 해군)

원자력 엔진 ❶

20년에 한 번 핵연료를 교체한다

니미츠급 항공모함에 탑재된 원자로는 웨스팅하우스의 A4W 가압수형 원자로(Pressurized Water Reactor, PWR)다. 이전의 엔터프라이즈급 항공모함의 원자로는 소형 A2W형을 8기 설치했지만, 니미츠급은 대형 원자로를 2기 설치했다. 원자력 발전소에서 사용하는 핵연료 우라늄 235의 농축도는 2~4% 정도인 데 비해 원자력 항공모함의 원자로는 소형인데다 수명을 연장하려고 농축도가 20% 이상이라고 한다.

원자로 용기 안에는 물(경수)이 들어 있으며 그곳에 수 센티미터 두께의 지르칼로이(zircaloy)라는 티타늄계 합금관에 덮인 연료봉이 잠겨 있다. 연료봉 내의 우라늄 원자핵에 중성자가 부딪치면 우라늄 원자핵이 2개로 나뉘면서 중성자가 2개 또는 3개 발생한다. 이 순간에 막대한 열에너지가 발생하고, 그 열로 주위의 물이 가열된다.

가열된 물은 파이프 내에서 고온·고압이 돼 증기 발생기로 보내지고, 증기 발생기 내의 다른 물이 고온의 파이프에 닿아서 물이 끓고 증기가 발생한다. 이 증기가 터빈 엔진의 날개를 작동시켜 샤프트가 돌아가고 스크루가 회전한다. 또한 함정 내에 필요한 전력도 조달한다.

원자력 항공모함은 연료 보급이 필요 없다고 하지만 실제로는 핵연료를 약 20년에 한 번 교체한다. 이때는 버지니아주의 뉴포트 뉴스 조선소까지 회항해 드라이 독(dry dock) 내에서 선체를 절단하고 핵연료를 특별한 구조의 크레인으로 매달아 교체한다. 핵연료 교체를 포함해 작업 모습은 기밀 사항이며 따라서 비공개다.

가압수형 원자로(PWR)의 발전 구조

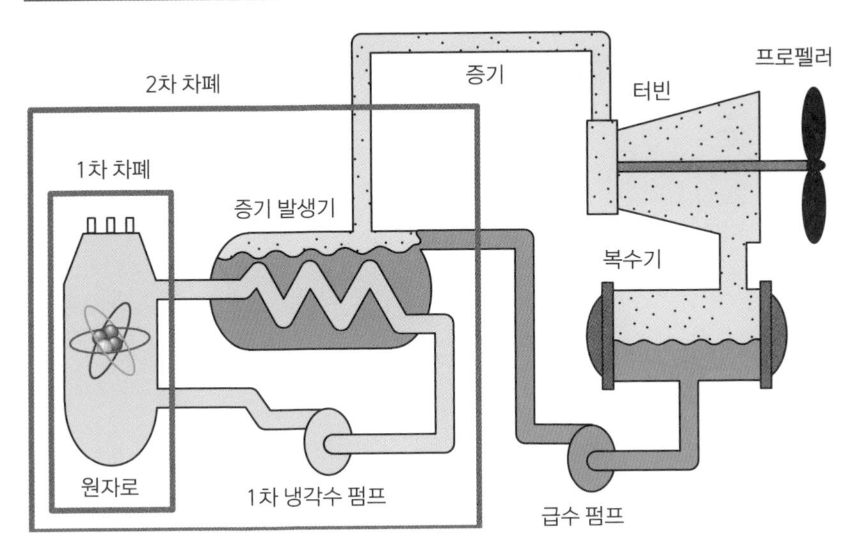

2차 차폐 내의 경수
가열된 물
터빈을 돌리는 증기

참고: Federation of American Scientists (https://fas.org)

항공모함 조지 워싱턴의 원자로 시설에는 제한구역 표시가 붙어 있다. (사진: 가키타니 데쓰야)

원자력 엔진 ❷

엄격히 관리하는 기밀 영역

원자력 항공모함은 선박용 연료가 필요 없어 함재기용 연료와 호위함용 연료의 저장고를 추가로 설치할 수 있다. 이 밖에 원자력 엔진은 대량의 증기를 생산하기 때문에 발함에 사용하는 증기식 캐터펄트에 안정적으로 증기를 공급할 수 있고, 발전량도 많아서 항공모함에서 사용하는 각종 에너지를 안정적으로 공급할 수 있는 장점이 있다. 또한 착함하는 조종사 입장에서는 배기 연기로 시야가 가리거나 와류가 없어서 기체의 자세를 유지하고 안전하게 착함하는 데 유리하다.

반면에 원자력 엔진은 일반 동력 기관과 달리 엄격한 안전 관리가 필요하다. 작은 사고도 대참사로 이어질 수 있어 작업자는 특별한 기술(자격증)도 보유해야 한다. 작전 중에 사고가 일어나면 작전을 계속 수행할 수 없으므로 막대한 전력 손실이 생길 수도 있다. 그래서 평소에 철저한 관리는 물론이고 비상시를 대비한 훈련을 하는 등 일반적인 동력함과는 다른 운용 및 훈련이 필요하다.

원자로는 특히 기밀성이 높다. 항공모함 승무원조차 함정 내 원자력 관련 시설 출입을 제한할 정도이며 원자력과 담당 승무원에게는 철저한 기밀 유지가 의무다.

프랑스의 원자력 항공모함도 자국산 K-15 원자로를 2기 탑재하고 있는데, 마찬가지로 원자로 관련 작업을 하는 모습은 공개하지 않는다. 원자력 엔진은 국가의 중요한 지적재산으로 관리받으며 기밀을 유지해서 보호에 만전을 다한다.

원자력과 승무원이 방사선을 계측하는 모습. (사진 제공: 미국 해군)

원자력과 승무원이 원자로의 물 성분을 조사하는 모습을 재현 중이다. (사진 제공: 미국 해군)

4-14 함재기를 지원하는 차량

좁은 공간을 누비는 100대 이상의 차량

MD-3 토잉 트랙터

가장 자주 눈에 띄며 다목적으로 활약하는 차량이다. 정식 명칭은 A/S32A-31이며 뮬(mule, 노새)이라는 애칭이 있다. 이름 그대로 함재기의 주 랜딩기어에 '토잉 바'를 걸어 견인하거나 물자 운반을 하고, 가스터빈 유닛을 달아 항공기 엔진 시동에 사용하기도 한다.

A/S32A-32 토잉 트랙터

마치 게의 집게발처럼 생겼다. 함재기의 주 랜딩기어에 직접 연결해 기체를 이동시키는 견인 전용 차량이다. 집게발 부분과 본체 아래에 바퀴 3개가 있어 제자리에서 360도 회전할 수 있다. 그래서 비행갑판보다 좁은 격납갑판에서 주로 사용한다.

P-25 소방차

애프터쿨러가 달린 터보차저 2사이클 6기통 디젤 엔진, 60갤런짜리 포말 소화제 AFFF 탱크와 750갤런짜리 물탱크 등을 탑재하고 이를 혼합해 화재를 진압한다. 정식 명칭은 A/S32P-25J이며 일본의 해상자위대도 '휴가'형 호위함용으로 보유하고 있다.

비행갑판 스크러버 SRS1550DN-A

비행갑판에 고착된 기름이나 오염물을 제거하기 위해 물탱크와 세제 탱크를 탑재했다. 혼합 세제를 제트 분사해 브러시로 문질러 오염을 제거한다. 1대만 탑재돼 있다.

크레인 차

틸리(Tilly)라는 이름의 크레인 차는 착함 실패로 충돌한 기체를 회수하는 작업 이외에 비행갑판에서 무거운 물체를 이동시킬 때 사용한다. 1대가 탑재돼 있으며 함교 뒤쪽에 자리한다.

사진: 가키타니 데쓰야(오른쪽 맨 아래는 미국 해군 제공)

항공모함에서의 생활 ❶

편의점이 세 곳에 있다

항공모함에는 비행갑판에서 벌어지는 격렬한 작업의 피로를 조금이라도 풀 수 있는 공간이 마련돼 있다. 규모는 웬만한 동네 거리 수준이다.

함장실

함장실은 손님을 맞이하는 응접실을 겸하기 때문에 함정의 특징이 잘 나타나도록 인테리어에 신경을 쓴다. 예를 들어 요코스카에 배치된 조지 워싱턴에는 일본풍 장식이 눈에 띄고, 로널드 레이건에는 레이건 대통령과 관련된 집기들이 놓여 있다. 집무실과 침실 등을 합치면 넓이가 60m²나 되는데 군함 중에 항공모함의 함장실이 가장 넓다. 1평 정도의 핵잠수함 함장실과는 상당한 차이가 있다.

하갑판

수병이 식사하는 식당은 격납고(01갑판)보다 1층 아래인 02갑판에 있으며 하갑판이라고 한다. 함정 내에서 의자가 가장 많이 있는 곳이라 식사 외에 부사관의 회의나 각종 시험, 연수 등이 이뤄진다. 평소에는 전용 식당을 이용하는 장교나 함장, 사령관도 의사소통을 도모하기 위해 가끔 하갑판에서 식사한다.

매점

승무원의 편의점이라고 할 수 있는 매점은 세 곳이 있으며 그중에 한 곳은 유니폼 같은 의류 판매도 겸해서 공간이 넓다. 여기서는 현금을 사용하지 않고 모두 카드로 결제한다. 방문객들을 위한 기념품도 판매한다.

로널드 레이건의 함장 집무실. 오른쪽에 보이는 마호가니 책상은 레이건 대통령이 실제 사용하던 물건이다. (사진: 가키타니 데쓰야)

펜타곤에서 해군 작전을 책임지는 해군 참모총장(CNO) 게리 러프헤드 해군 대장이 니미츠를 방문했다. 수병과 같은 하갑판에서 식사하는 모습이다. (사진 제공: 미국 해군)

매점은 보급과에서 운영한다. 음료수나 과자류 등은 보급함에서 보급받으며 대부분 미국 본토와 같은 품목이 진열된다. 단, 일본을 모항으로 하는 항공모함은 일본제 음료수나 과자도 판매한다. (사진: 가키타니 데쓰야)

항공모함에서의 생활 ❷

닻줄실만의 규칙

우체국

항공모함에는 미국우편공사의 출장소가 있으며, 우편물은 보급과 승무원이 공사로부터 위탁받아 취급한다. 이메일이 보급되면서 우편물 취급은 크게 줄었으며, 기항지에서 구매한 기념품을 가족에게 소포로 보내는 승무원이 많다고 한다. 스탬프나 전표에 찍히는 소인에는 항공모함의 이름이 들어간다. 우편물은 먼저 C-2A 수송기로 육상 비행장까지 전달한 다음에 민항기로 옮겨 싣고, 미국 본토의 해군 우체국으로 전달해 분류한다.

닻줄실

함수 쪽 끝(선수루, forecastle)에 위치한 닻줄실은 개당 27톤이나 나가는 닻을 매다는 닻줄(거대한 사슬로 만듦)을 보관하는 곳이다. 항해 중에는 가장 조용하고 넓은 장소로 꼽힌다. 함내 교회가 좁아서 일요일 아침 예배 때문에 예배자가 많이 몰릴 때는 종교과에서 종교별로 시간을 쪼개 닻줄실을 활용해 종교 행사를 치른다. 닻줄실에는 쇠사슬을 넘어 다니지 말라는 규칙이 있다. 위급 시 닻을 급히 내리는 경우가 있어 위험하기 때문이다.

도서실

도서실도 종교과에서 운영한다. 도서실 근처에는 인터넷실도 있어 전투 중이 아니면 가족에게 이메일도 보낼 수 있다. 장교를 위한 편의 시설로는 장교 식당 옆에 전용 라운지가 있으며 작은 도서실과 대형 스크린, 오락실도 갖추고 있다. 수병을 위한 휴식 시설은 거주 구역에 있는데, 근무 시간대에 따라 낮잠을 자는 수병도 있어서 대개 조용한 편이다.

우체국 창구에서 소포를 발송하는 승무원. 진주만 입항 중에 산 기념품이라고 한다. 우체국에서 환전도 가능하다. (사진: 가키타니 데쓰야)

항공모함 로널드 레이건의 닻줄실. 국기와 해군기는 항상 게양된다. 바로 위는 비행갑판으로 캐터펄트가 있지만 의외로 조용한 공간이다. (사진: 가키타니 데쓰야)

항공모함 시어도어 루스벨트의 도서실. 02갑판에 위치하며 거주 구역과 다소 거리가 있는 탓에 이용자가 드물다. (사진 제공: 미국 해군)

Column

니미츠급의 식당은 어떤 모습일까?

니미츠급 항공모함에서는 하루 18,000끼의 식사가 소비되는데 식당은 계급별로 나뉜다. 장교용은 오피서스 워드룸(officer's wardroom)이라고 하는데 총 세 곳이다. 부사관용은 시피오 메스(CPO mess), 병사와 수병용은 엔리스티드 메스(enlisted mess) 또는 '하갑판'이라고 하며 각각 두 군데다. 그래서 총 네 군데의 식당이 존재한다.

장교와 부사관용 식당은 조용하고 느긋하게 쉴 수 있는 공간이지만, 수병용 식당은 떠들썩해서 느긋하게 식사를 즐기는 분위기가 아니다. 물론 제공되는 식사도 계급에 따라 다르다. 식사 시간은 정해져 있으며, 야간 작전이 있는 경우를 제외하면 심야에 음식을 제공하지 않는다. 다만 커피나 과일, 빵, 시리얼 등이 남아 있을 때도 있다.

함장이나 사령관은 장교용 식당에서 식사하기도 하지만 대부분 각자의 집무실에 인접한 함장용 캡틴스 메스(captain's mess)와 사령관용 플래그 메스(flag mess)에서 식사한다. 바쁠 때는 회의를 하면서 가볍게 때우기도 한다. 탑재 기기의 제조사나 정부 관리, 보도 관계자 등 외부인은 워드룸(wardroom)에서 식사한다.

사진은 일본식 인테리어로 꾸민 조지 워싱턴의 워드룸. 메인 요리로 연어 소테, 멕시칸 라이스가 나왔다. (사진: 가키타니 데쓰야)

항공모함의 전투

항공모함은 전투에서 막강한 전력을 자랑한다. 항공모함 타격단 하나의 전력이 웬만한 중소국의 공군력을 웃돌기도 하는데, 미국의 항공모함은 최신예 전투기를 갖추고 있을 뿐만 아니라 소프트웨어 및 하드웨어를 계속 개선해 간다.

엔터프라이즈에서 차례대로 발함하는 제251 해병 전투 공격 비행대대의 F/A-18C 호넷. (사진 제공: 미국 해군)

5-01 항공모함 타격단 ❶

잠수함, 순양함, 구축함 등을 거느린다

항공모함은 단독으로 행동하지 않는다. 전투 항해(combat cruise) 시에는 항공모함 타격단(Carrier Strike Group, CSG)을 형성해서 움직인다. 이른바 항공모함 함대다. 구 일본 해군에서는 '항공모함 기동부대'로 불렸고 미국 해군도 2004년경까지는 '항공모함 전투단'(Carrier Battle Group, CBG)이라고 불렸다.

CSG 편성은 작전 규모나 작전 해역, 이동 중에 존재하는 위협에 따라 다르다. 특히 중동 지역으로 파견되는 CSG는 대규모다. 아프가니스탄 대 테러 전쟁과 이라크 전쟁에서는 순항 미사일을 활용한 대지 공격, 지상부대 지원을 위한 대지 공격, 항공 제압, 해상에서의 괴선박 수색 등을 수행했다.

이라크 해군력은 거의 없다시피 하기 때문에 대수상전이나 대잠전은 없었지만, 페르시아만과 북아프리카해에는 미국을 적대시하는 이란 해군이 있어 수중과 수상에서 경계 감시 임무를 해야 했다. 기본적인 CSG 편성은 다음과 같다.

항공모함 1척 : 작전에 모든 책임을 지는 CSG의 사령부와 함재기 부대를 지휘하는 항공모함 비행단을 배치하며 항공모함 타격단의 중심이다.

잠수함 2~3척 : 로스앤젤레스급 공격형 원자력 잠수함, 시 울프급 원자력 잠수함, 버지니아급 공격형 원자력 잠수함, 오하이오급 미사일 원자력 잠수함 중 하나가 참가한다. CSG에서 멀리 떨어진 전방에서 이동 경로상

항공모함 니미츠(CVN 68)가 중심인 항공모함 타격단을 니미츠 항공모함 타격단(Nimitz Carrier Strike Group, NCSG)이라고 한다. 사진은 기념 촬영을 위한 편성으로 실제로는 몇 킬로미터 이상 떨어져서 항해한다. (사진 제공: 미국 해군)

항공모함 니미츠(CVN 68)와 함께 기동하는 잠수함 아나폴리스(SSN 760)와 이지스 순양함 포트 로열(CG 73)의 모습. (사진 제공: 미국 해군)

의 함정이나 선박을 살피는 역할을 한다. 또한 작전 해역에서는 토마호크 순항 미사일을 내륙으로 발사하기도 한다. 특수부대의 출동 기지가 되기도 한다.

순양함 2~3척: 항공모함의 호위는 타이콘데로가급 순양함이 맡는다. 고성능 방공 체제인 이지스 시스템을 장착하고 CSG 반경 약 500km 상공을 이지스 레이더로 감시한다. 적의 미사일이나 전투기 등 여러 표적을 스탠더드 SM-2 대공 미사일로 동시에 요격할 수 있어 CSG 전체를 지킬 수 있다. 또한 작전 해역으로 진입하면 토마호크 순항 미사일로 내륙의 표적을 공격하는 임무도 수행한다.

구축함 3~4척: 알레이버크급 구축함이 참가한다. 마찬가지로 이지스 시스템을 탑재하고 있어 대공 감시 외에 연안에서 유연하게 행동하며 항공모함을 호위한다. 일부 알레이버크급은 대잠 헬리콥터를 탑재해 적의 잠수함 공격을 방어하는 데 특화돼 있다. 토마호크 순항 미사일도 탑재하고 있어 지상 공격도 담당한다.

고속 전투 지원함 1척: 새크라멘토급 또는 서플라이급 고속 전투 지원함이 함대 보급을 위해 참가한다. 고속 전투 지원함은 연료와 탄약, 식량 등의 물자를 다른 함정으로 보급한다. MH-60S 범용 헬리콥터를 탑재하고 있어 공중으로 물자나 탄약을 수송할 수도 있다.

이 밖에 CSG가 활동하는 연안에서 국제법 집행을 위한 경찰권을 행사할 때 필요한 법 집행기관인 미국 해안경비대 함정이 추가되거나 동맹군으로 캐나다 국방군 같은 외국 호위함(frigate)이나 구축함이 추가되기도 한다.

로널드 레이건(CVN 76)에서 연료를 보급받는 이지스 구축함 맥캠벨(DDG 85) (사진 제공: 미국 해군)

CSG에 동행해 함대 보급을 담당하는 고속 전투 지원함 레이니어(T-AOE 7). 속도가 느린 보급함과 수송함은 CSG에 앞서가면서 CSG 함정이 접근하기를 기다린다. (사진 제공: 미국 해군)

5-02 항공모함 타격단 ❷

여러 대의 항공모함으로 거대 타격단을 형성한다

항공모함 타격단의 사령부(사령관)는 CTF(Commander Task Force)에 있다. CTF의 구성원은 대부분 장교이며 작전, 정보, 통신, 기상, 법무 등의 참모진이 사령관을 보좌한다. CTF는 항공모함과 이지스함 등으로 구성된 CSG의 작전을 입안하고 실행하며, 상급 부대인 6함대 사령부와 태평양·대서양 함대 사령부, 지역 사령부 등의 지시를 수행하기도 한다.

대규모 작전에서는 여러 항공모함 타격단이 모일 때도 있다. 1991년에 시작된 걸프전은 미국 항공모함 사상 최대 작전이었다. 아이젠하워, 인디펜던스, 새러토거, 존 F. 케네디 등 항공모함 4척이 사막의 방패 작전(operation desert shield)을 위해 홍해와 아라비아해에 집결했고, 인디펜던스와 교대해 미드웨이가 페르시아만으로 들어가 합류했다.

이어 아이젠하워를 대신해 시어도어 루스벨트, 아메리카, 레인저가 페르시아만으로 들어가 항공모함 6척이 사막의 폭풍 작전(operation desert storm)을 수행했다. 지중해에서는 포레스탈이 작전을 펼치고 있었기 때문에 두 작전에 항공모함 9척이 걸프전에 참전한 것이다.

아라비아해에 있는 항공모함 전투단 넷을 지휘한 항공모함은 슈퍼캐리어도 원자력 항공모함도 아닌 제2차 세계대전 중에 건조된 구식 항공모함인 미드웨이였다. 미드웨이에서 7함대 항공모함 전투단을 지휘하던 대니얼 마치 중장이 아라비아해로 들어오면서 아라비아만 전투단 사령부 CTF-154가 미드웨이에 설치됐고, 항공모함 4척을 포함해 다국적 해군 함정의 기함이 됐다. 미드웨이는 걸프만에서의 작전을 끝으로 퇴역했다.

걸프전에서 항공모함 함대 넷을 지휘한 사령부가 항공모함 미드웨이에 설치됐다. 사진은 걸프전 전년도(1990년) 일본의 보소반도 앞바다에서 항해하는 모습이다. (사진: 가키타니 데쓰야)

항공모함 비행단

항공모함이 보유한 최대 공격력

항공모함은 함재기가 탑재돼야 비로소 전투함이라고 말할 수 있다. 항공모함에 탑재되는 함재기는 기종별로 분류해 비행대대로 편제한다. 항공모함에는 여러 비행대대의 집합체인 항공모함 비행단이 배치된다. 약자로는 항공모함을 뜻하는 CV와 비행단(Wing)의 W를 따서 CVW라고 표기한다. CVW 하나는 다음과 같은 기종으로 구성된다.

- F/A-18F 전투 공격 비행대, 1개 대대 12~14대
- F/A-18E 전투 비행대, 1개 대대 14대
- F/A-18C 또는 F/A-18E 전투 공격 비행대, 2개 대대 각각 10~12대
- EA-6B 또는 EA-18G 전자 공격 비행대, 1개 대대, 4~6대
- E-2C 조기경보 비행대 1개 대대, 4~5대
- MH-60S 헬리콥터 해상 작전 비행대, 1개 대대, 5~10대
- MH-60R 헬리콥터 해양 공격 비행대, 1개 대대, 5~8대
- C-2A 그레이하운드 수송 비행대, 1개 분견대, 2대

F/A-18C 부대를 대신해 해병대의 F/A-18C 부대로 구성하거나, 일부 비행단에서는 MH-60S 또는 MH-60S 2개 부대가 아니라 SH-60F 및 HH-60H 헬리콥터 대잠 비행대대 1개 대대 6~12대로 구성한다. CVW는 10개가 있으며 항공모함 1척에 CVW 하나가 할당된다.

종이 작전도를 사용하던 시절에 미국 해군은 항공 부대를 비행기 날개의 형태를 따서 알파벳 V로 표시했다. 여기에 비행단 V를 운송한다(carrier)는 의미로 C를 연결해 항공모함의 함종 기호인 CV가 탄생했다고 한다.

2006년 카리브해를 항행 중인 조지 워싱턴과 항공모함 비행단 CVW-17의 항공기들 (사진 제공: 미국 해군)

CVW-14에 소속된 제154 전투 공격 비행대대의 F/A-18F. 각 비행대대에는 100번 대의 기체 번호가 할당되고, 그중에 '00'이 붙는 기체는 화려한 도장을 칠해 'CAG기'라고 부른다. (사진: 가키타니 데쓰야)

타격 임무 ❶

다양한 수단으로 공격 부대를 지원한다

여기서는 항공모함 비행단의 가장 중요한 역할인 타격 임무(strike mission)를 중동에서 실제로 수행한 작전을 토대로 설명한다. 타격전의 목적은 대부분 지상부대 지원이다. 지상부대의 화력으로는 감당할 수 없는 적이나 대전차 헬리콥터 부대의 기지 등을 표적으로 삼는다. 아프가니스탄에서는 동굴에 설치한 테러리스트의 거점을 공격하는 임무도 수행한 바 있다.

먼저 아프가니스탄/이라크 전쟁에서는 각국의 전투기나 공격기가 같은 공역에서 활동하므로 공군의 조기경보 관제기가 항공관제를 맡는다. 항공모함의 E-2C 조기경보기가 전투 지역 부근까지 진출해서 공군 AWACS와 연계해 감시구역을 분담하거나 함재기를 공군 AWACS에 인계하기도 한다.

이어서 항공모함에서 공격 부대가 출격한다. 선두는 약 3개 그룹의 전자전 공격기와 이를 호위하는 전투 공격기가 맡고, 뒤를 이어 정밀 유도 폭탄을 탑재한 전투 공격기와 이를 호위하는 전투 공격기 4~6개 그룹이 따른다. CVW의 절반 이상인 50대나 되는 대부대가 투입되는 출격을 알파 스트라이크(alpha strike) 또는 패키지 플라이트(package flight)라고 한다.

공격 부대는 AWACS의 지원을 받으며 진용을 짜서 적지 깊숙이 침투한다. 먼저 전자전 공격기가 적의 대공 레이더와 대공 미사일 기지에 전파방해를 가해서 대공 공격 능력을 무력화한다. 이 덕분에 공격 부대는 적의 대공 미사일 및 요격기의 위협 없이 표적에 접근할 수 있으며, 정밀 유도탄으로 타격을 가한다. 이후 정찰 포드를 장착한 F/A-18E/F가 공격 결과를 촬영하고, 모든 항공기는 AWACS의 지시를 받아 항공모함으로 귀환한다.

공군 KC-10 공중 급유기가 아프가니스탄을 향해 엔터프라이즈에서 출격한 제8 항공모함 비행단 공격 부대에 급유하고 있다. 앞에 보이는 F-14는 호위를 위해 공대공 미사일만 장착했다. (사진 제공: 미국 해군)

페르시아만에서 작전 중인 해리 S. 트루먼과 합동직격탄(JDAM)을 탑재한 제32 전투 공격 비행대대의 F/A-18F (사진 제공: 미국 해군)

타격 임무 ❷

늦은 밤과 이른 아침의 작전에 대비한다

대규모 전투를 보도하는 뉴스를 봐도 알 수 있듯이 전쟁 초기의 대지 공격은 야간, 특히 늦은 밤이나 이른 아침에 이뤄진다. 항공모함에서는 야간 타격 임무에 대비해 며칠 전부터 야간 근무 상황에 대처할 수 있도록 승무원들의 근무 시간을 조정한다.

갑판 운영은 주야간에 따라 크게 다르다. 야간에는 수신호 대신 야광봉을 사용하는데 갑판 위에서 모두가 야광봉을 사용하면 조종사는 누가 누구에게 보내는 신호인지 알 수 없으므로 갑판의 작업 인력을 절반 정도로 줄인다. 당연히 위험도가 높아지므로 캐터펄트의 수를 줄이고 발함 사이클도 다소 늦춰서 안전에 유의한다. 평소 훈련에서도 야간 공격을 상정해 훈련 시간을 점진적으로 야간 시간대로 늦추기도 한다.

실전 투입이 가까워지면 조종사의 긴장도가 높아진다. 조종사는 의사나 목사에게 정신적으로 문제가 없는지 상담을 받거나 헬스장에서 운동하며 긴장을 풀기도 한다. 실전에 투입되는 항공모함에 방송국이나 신문사에서 온 언론인이 탑승하는 경우도 있지만, 작전이 가까워지면 조종사나 승무원의 인터뷰가 금지되고, 촬영한 영상이나 사진은 홍보 담당관의 검열을 받아야 한다.

조종사가 공격에서 귀환하면 가족이나 친구들에게 이메일을 보내기도 하는데 작전과 관련한 내용은 보낼 수 없다. 중동 지역에서는 이런 긴장된 나날이 4개월이나 지속되는 경우도 있다. 이럴 때는 가끔 두바이항에 입항해 며칠간 여가를 즐기기도 한다.

갑판 요원이 EA-6B 전자전 공격기 조종사에게 엔진 출력을 올려 전진하도록 야광봉을 흔들고 있다. (사진 제공: 미국 해군)

폭탄을 장착한 F-14B 전투기가 이라크를 상대로 대지 공격 작전을 펼치려고 조지 워싱턴의 캐터펄트3에서 발함을 준비하는 장면이다. (사진 제공: 미국 해군)

대공 방어 ❶

항공모함의 대공 무기

제2차 세계대전 당시 구 일본 해군의 함상 공격기가 미국 항공모함에 총공격을 가해 막대한 피해를 줬다. 이처럼 항공모함은 고가의 무기지만 방어력이 취약해 적의 표적이 되기 쉽다.

미국 해군은 제2차 세계대전 이후 구축함에 탑재하는 5인치 포와 기관총을 항공모함에 무장하기도 했다. 대공 미사일이 발명되자 테리어 대공 미사일을 장착해 특히 구소련 폭격기의 공격에 대비했다.

니미츠급 항공모함은 방어용 대공 무기로 대공 미사일을 탑재하는데 사거리 약 50km의 개량형 시스패로 미사일(ESSM) 또는 사거리 약 26km의 시스패로 미사일을 운용한다. 여기에 적의 공격기나 미사일이 접근할 경우를 대비해 최대 사거리 약 4.5km의 근접 방어 체계(Close-In Weapon System, CIWS) 팰랭크스 20mm 기관포 또는 신형 근접 대공 미사일인 사거리 약 9.6km의 롤링 에어프레임 미사일로 대응한다.

또한 적 미사일의 탐색 레이더를 마비시키기 위해 전파의 발신원(적 미사일)을 탐지하고 표적에 방해전파를 쏘는 전자방해 장치(Electronic Counter Measures, ECM)도 구비하고 있다.

프랑스의 항공모함 샤를 드골은 미국 항공모함의 대공 미사일보다 발사하는 시간이 짧은 수직 발사 시스템(Vertical Launching System, VLS)을 비행갑판 현 쪽에 설치했으며, 최대 사거리 약 30km의 애스터 15 대공 미사일을 운용한다. 한편 인도, 브라질, 태국, 스페인처럼 대공 미사일을 운용하지 않고 호위함만으로 항공모함을 운용하기도 한다.

니미츠급 항공모함의 방어 무기와 장비 위치

	좌현 전방	좌현 후방	우현 전방	우현 후방	함미
니미츠(CVN 68)	RAM	Mk29	Mk29	RAM	없음
드와이트 D. 아이젠하워(CVN 69)	RAM	Mk29	Mk29	RAM	없음
칼 빈슨(CVN 70)	RAM	Mk29	Mk29	RAM	없음
시어도어 루즈벨트(CVN 71)	RAM	MK29/CIWS	Mk29/CIWS	RAM	없음
에이브러햄 링컨(CVN 72)	RAM	Mk29/CIWS	Mk29/CIWS	RAM	CIWS
조지 워싱턴(CVN 73)	RAM	Mk29/CIWS	Mk29/CIWS	RAM	없음
존 C. 스테니스(CVN 74)	RAM	Mk29/CIWS	Mk29/CIWS	RAM	CIWS
해리 S. 트루먼(CVN 75)	RAM	Mk29/CIWS	Mk29/CIWS	RAM	CIWS
로널드 레이건(CVN 76)	RAM	Mk29	Mk29	RAM	없음
조지 H. W. 부시(CVN 77)	RAM	Mk29	Mk29	RAM	없음

Mk29 발사기에서 발사되는 ESSM 대공 미사일

Mk29 발사기에서 발사되는 시스패로 대공 미사일

팰랭크스 20mm 기관포(CIWS)

롤링 에어프레임 미사일(RAM)

사진 제공: 미국 해군

대공 방어 ❷

이지스함의 등장으로 경계 감시 비행이 격감하다

미국 항공모함은 2006년까지 F-14 톰캣 전투기를 운용했다. F-14 톰캣 전투기는 피닉스 장거리 공대공 미사일을 6발 장착하고 항공모함이 이동하는 해역의 상공에서 경계 감시 비행 임무를 맡았다. 물론 함대의 구축함이나 순양함도 대공 미사일을 탑재하지만, 당시 대공 미사일과 대공 레이더는 성능이 낮아 전투기의 보완이 필요했다.

이지스 시스템을 탑재한 이지스함이 등장하면서 이러한 방어 체계가 완전히 달라졌다. 반경 약 500km 이상을 감시할 수 있는 SPY-1 레이더는 적기가 여러 대인 경우에도 위협도를 자동 분석한다. 또한 요격 시에는 반응 시간이 거의 없는 수직 발사 시스템(VLS)으로 SM-2 대공 미사일을 연속 발사해서 여러 표적을 동시에 파괴할 수 있다.

항공모함 타격단의 모든 수상 전투함이 이지스함으로 바뀌면 항공모함에서 운용하던 F-14 톰캣은 모두 퇴역한다. 다만 지금도 니미츠급에는 대공 미사일을 장착하고 언제든지 긴급 발진할 수 있도록 F/A-18 전투 공격기가 2~4대 정도는 대기한다.

긴급 발진은 5분 또는 15분 안에 해야 한다. 이를 위해 대공 미사일을 장착하고, 조종석의 각종 계기에도 전원을 공급해두는 등 모든 준비가 완료된 상태를 유지한다.

긴급 발진은 접근하는 정체불명의 물체를 육안으로 확인할 필요가 있을 때를 대비한 것으로 이지스함이 할 수 없는 항공모함만의 임무다.

알레이버크급 구축함인 제이슨 더넘(DDG 109). 함교 앞에 보이는 8각형 패널이 SPY-1 레이더다. (사진 제공: 미국 해군)

긴급 발진에 나서는 F/A-18C(중앙 기체). 왼쪽 날개 끝에는 AIM-9X 공대공 미사일을 장착하고, 오른쪽 날개 끝에는 AIM-9L 공대공 미사일을 장착했다. (사진: 가키타니 데쓰야)

5-08 대수상전

미군은 함재기로 적함을 요격한다

항공모함은 원래 자체 무장으로 전투를 벌이는 대수상전을 상정하지 않는다. 하지만 이탈리아의 항공모함 주세페 가리발디는 2003년까지 테세오 중거리 대함 미사일을 장착했다. 적함이 많은 연안에서 작전을 벌이거나 소수의 함대로도 제해권을 확보하려는 의도가 있었던 것으로 보인다.

러시아의 항공모함 어드미럴 쿠즈네초프는 사거리 약 900km의 P-700(SS-N-19) 대함 순항 미사일을 12발 장착한 VLS를 함수의 스키 점프대 쪽에 설치했다. 장거리 공격에는 위성통신이나 항공기의 중간 유도가 필요하지만, 미국의 토마호크 순항 미사일처럼 대지 공격에 사용할 수 있고 핵탄두도 장착할 수 있다. 러시아의 항공모함은 다른 수상함과 함께 유연하게 운영할 수 있으며 다목적 공격이 가능한 장비 체계다.

미국의 항공모함은 대수상전을 함재기에 모두 맡긴다. E-2C 조기경보기가 표적을 발견하면 F/A-18 전투 공격기가 하푼 대함 미사일을 기반으로 항속거리를 약 240km까지 늘린 SLAM-ER 미사일이나 사거리 약 27km인 매버릭 미사일로 적의 함정을 공격한다. 또한 HH-60H 구난 헬리콥터도 사거리 약 28km의 펭귄 대함 미사일, 최대 사거리 약 8km의 헬파이어 대함 미사일 또는 어뢰로 수상함을 공격할 수 있다.

헬리콥터는 적에게 발견되기 쉬우므로 수평선 아래에 숨어서 접근하고, 미사일을 발사할 때만 표적을 확인하려고 수평선 위로 고도를 올린다. 미사일을 발사하면 다시 수평선 아래로 숨는다. 근접하는 적의 함정에 수상 공격 모드의 팰랭크스 20mm 기관포를 사용한다.

대함 미사일을 탑재한 러시아 항공모함 어드미럴 쿠즈네초프. 대함 미사일을 보유한다는 이유로 자국에서는 중항공 순양함으로 분류한다.(사진 제공: 미국 해군)

미국 해병대가 사용하는 헬파이어 대전차 미사일을 대함 미사일로 사용하는 미국 해군의 HH-60H 구난 헬리콥터 (사진 제공: 미국 해군)

대잠 방어

미군은 대잠 헬리콥터와 이지스함으로 대응한다

항공모함의 가장 큰 적은 잠수함이다. 잠항으로 몰래 접근해와서 불시에 습격하는 잠수함은 아마도 최강의 해군 무기일 것이다. 과거 미국에는 잠수함을 공격하는 대잠 항공모함이 있었지만, 현재는 없다. 항공모함의 대잠작전은 대잠 헬리콥터 부대가 맡고 있다. 대잠 헬리콥터는 수중 음원을 탐지하는 소노부이(sonobuoy)를 투하하거나 소나(Sound Navigation Ranging, SONAR)를 바다에 내려서 잠수함을 포착하고, 적 잠수함을 발견하면 어뢰로 공격한다. 다만 탑재기 수가 적어서 항상 수중을 감시할 수는 없다. 항공모함은 호위하는 이지스함의 함수에 장착된 소나에 의존한다. 이처럼 항공모함은 상공뿐만 아니라 수중에서의 위협도 이지스함에 맡긴다.

이지스함이 잠수함을 포착하면 이지스함과 항공모함에 탑재된 대잠 헬리콥터가 연계를 이뤄 잠수함을 추적한다. 적의 잠수함이 공격 태세에 들어가 어뢰를 발사하면 항공모함의 함미에 자기장을 발생시키는 닉시(nixie)라는 디코이(decoy)를 달고 항해한다. 닉시는 물속에서 항공모함과 같은 거대한 자기장을 발생시켜 마치 항공모함인 것처럼 꾸미고 적 어뢰를 유인하는 무기다.

이탈리아의 옛 항공모함 주세페 가리발디는 어뢰 공격이 가능한 항공모함이다. 3연장 어뢰 발사관을 장착해 적의 잠수함이나 접근하는 어뢰를 어뢰로 대응한다. 러시아의 항공모함 어드미럴 쿠즈네초프는 대잠 미사일 발사기를 장비하고 있다. 대잠 미사일은 적의 잠수함이 알아차리지 못하도록 공중을 비행하다가 잠수함이 있는 지점에서 갑자기 잠수해 공격한다.

시어도어 루스벨트의 승무원이 적 잠수함을 기만하는 닉시를 예인하려고 준비하는 모습
(사진 제공: 미국 해군)

3연장 어뢰 발사관을 양쪽 현에 설치한 항공모함 주세페 가리발디 (사진 제공: 미국 해군)

특수작전 및 대테러 경계

특수부대와 연계된 작전도 수행한다

1979년 미국은 테헤란 주재 대사관에서 인질을 구출하기 위해 항공모함 니미츠에 RH-53D 소해(기뢰 제거) 헬리콥터 8대를 탑재해 육군 특수작전을 지원했다. 그런데 작전 중 기체 문제를 일으킨 헬리콥터가 추가로 합류한 C-130 수송기와 충돌하면서 작전은 실패로 돌아갔다. 하지만 이 사례는 항공모함이 특수작전을 수행할 수 있음을 보여줬다.

2001년 아프가니스탄에서 수행한 대테러 전쟁에서는 항공모함 키티호크가 CVW-5(제5 항공모함 비행단) 소속의 F/A-18C를 몇 대만 탑재하고 일본에서 출항했다. 그 후 아라비아해에서 육군 제106 특수작전 항공 연대의 MH-47, MH-60 특수작전 헬리콥터 등 13대를 추가로 보강해 육군 특수부대가 아프가니스탄 국내에서 벌이는 특수작전을 지원했다고 한다. 이처럼 그동안 굳어 있던 CVW와 항공모함의 관계에 얽매이지 않는 탑재기의 유연한 운용은 앞으로도 계속 볼 수 있을 것이다. 예를 들어 해군 특수부대 네이비실과 폭발물 처리부대 EOD-MU는 작전을 수행할 때 항공모함의 헬리콥터를 이용해 목적지에 진입한다. 또한 근접전에 뛰어난 네이비실을 항공모함을 호위하는 구축함에 파견해 정체불명의 괴선박을 검문할 때 투입하기도 한다.

그리고 선박을 이용해 항공모함에 접근하는 테러리스트가 있다면 항공모함 현 쪽에 비치한 12.7mm 기관총으로 방어한다. 항공모함의 주력 무기는 함재기지만, 승선한 특수부대가 항공모함을 이용해 대테러 작전을 벌이거나 테러리스트로부터 항공모함을 보호하기도 한다.

아프가니스탄 대테러 전쟁 중 육군 특수작전용 헬리콥터를 갑판에 가득 싣고 북아프리카 해상에서 대기 중인 키티호크 (사진 제공: 미국 해군)

로널드 레이건의 함수 좌현 쪽에 설치된 12.7mm 기관총과 경계 임무 중인 무장 요원 (사진: 가키타니 데쓰야)

5-11 프랑스 항공모함의 전투

핵 공격이 가능한 항공모함의 위력

1994년 미국 국방부는 핵 태세 검토 보고서(Nuclear Posture Review, NPR)를 발행하면서 항공모함을 포함한 모든 수상 함정에서 전술핵무기를 내리기로 결정했다. 그래서 미국의 항공모함은 핵무기를 싣지 않는 대신에 일반 무기를 더 많이 탑재할 수 있고, 핵무기 사고를 상정한 훈련도 필요 없다.

한편 프랑스의 항공모함 샤를 드골은 전술핵무기를 운용할 수 있는 항공모함이다. 함재기인 라팔 M 전투기는 300kt의 핵탄두를 탑재한 ASMP 전술핵 미사일을 장착할 수 있다. 위력은 무려 히로시마에 투하된 원자폭탄의 20배이며 단 1발로 도시 기능을 무력화할 수 있다. 고고도 발사에서는 최대 사거리가 약 300km이기 때문에 바다를 접하지 않은 내륙국도 노릴 수 있다. 핵 공격 시에는 공격기를 호위하는 라팔 전투기가 동행하고, E-2C 호크아이 조기경보기가 공역을 감시한다.

또한 샤를 드골은 자기 완결형 상륙함의 능력도 있다. 함내에는 850명분의 병사용 거주 구역이 있으며 수송 헬리콥터로 상륙할 수 있다. 라팔 M(F2) 전투기는 상공에서 정밀 유도 폭탄으로 대지 공격을 지원한다. 함대의 방공은 E-2C 호크아이 조기경보기가 감시를 맡고 라팔 M(F1) 전투기가 요격 임무를 수행한다.

미국 항공모함은 이처럼 항공모함 1척으로 상륙 작전과 함대 방공을 동시 운용하는 일이 불가능하다. 미국은 다수의 함재기를 활용하는 전술을 택했기 때문에 소수의 공격기에 의한 고비용 핵미사일 운용이나 항공모함의 운용에 제약을 주는 해병대 상륙부대의 승선은 고려하지 않는다.

전술핵무기를 운용할 수 있는 항공모함인 프랑스의 샤를 드골 (사진: 프랑스 해군)

오랫동안 운용해 오던 쉬페르 에탕다르 SEM 공격기를 대신해서 핵 공격 임무를 맡은 라팔 M 전투기 (사진 제공: 미국 해군)

5-12 인도 항공모함의 전투

헬리콥터도 중요한 역할을 담당한다

인도 해군이나 브라질 해군의 항공모함은 미국과 다른 식으로 운용한다. 함재기의 종류가 적어서 미국의 전투 공격기만큼 다양한 임무를 수행할 수 없기 때문이다.

인도 해군의 항공모함 비크라마디티야는 시 해리어 공격기와 시 킹 대잠초계 헬리콥터가 주력이다. 시 해리어는 항속거리가 짧은데, 인도 항공모함에 급유기가 없어서 작전 범위가 좁다. 작전의 목적은 상륙작전 지원이다. 인도도 구축함과 잠수함 등으로 구성된 기동부대를 운용해 상륙함을 보호한다.

먼저 공대공 미사일을 탑재한 시 해리어 공격기가 발함해 함대 상공을 경계·감시하며 적 전투기가 접근하면 공중전을 시도한다. 이어서 대잠초계 헬리콥터가 발함해서 함대 전방이나 상륙 지점 근해의 적 잠수함 유무를 확인한다. 적을 발견하면 구축함이나 어뢰를 탑재한 헬리콥터와 연계해 공격한다.

상륙함이 상륙작전을 개시하면 항공모함에서는 대지 지원용으로 폭탄이나 로켓탄을 탑재한 시 해리어가 발함해 상륙부대가 상륙하기 쉽도록 적 지상군을 공격한다. 그리고 지상부대에 부상자가 발생하면 Ka32 구난 헬리콥터나 시 킹을 이용해 항공모함으로 이송하고 함내 병원에서 치료한다.

인도 해군은 2014년부터 러시아제 중고 항공모함 비크라마디티야를 운용했으며 함재기로는 MiG-29K 전투기를 탑재했다. 자국산 항공모함이 2022년에 취역했다.

시 해리어 공격기와 시 킹 대잠초계 헬리콥터가 주력인 인도 해군의 비크라마디티야 (사진 제공: Mrityunjoy Mazumdar)

시 해리어 공격기에 연료를 보급하는 갑판 요원 (사진 제공: Mrityunjoy Mazumdar)

Column

비상시에는 여객기도 착함할 수 있을까?

오스틴 퍼거슨의 소설 《101편 착함하라》에서는 여객기가 항공모함에 착함하는 장면이 나오는데 실제로 대형 비행기가 발착함할 수 있을까? 문제는 약 300m인 갑판 길이와 돌출된 함교다. 결론부터 말하면 날개와 함교 사이에 여유가 있고 300m 활주로만으로도 충분히 발함할 수 있는 강력한 출력의 엔진과 높은 양력의 날개 디자인이면 가능하다.

항공모함에서 발착함한 가장 큰 항공기는 C-130 수송기다. 1963년에 해군 항공시험센터의 KC-130F 수송기(공중 급유기)가 항공모함 포레스탈을 이용해 발착함 시험을 실시했는데 터치 앤 고 29회, 후크를 사용하지 않은 착함 21회, 캐터펄트를 사용하지 않은 발함 21회를 각각 다른 중량으로 실시했다. C-130은 전체 너비가 40.41m, 엔진 4기의 합계 출력이 약 18,000shp이다. 동등한 사양에 높은 양력을 지닌 디자인의 기체라면 다른 대형기도 발착함이 가능할 것이다.

1978년에는 C-8 수송기(DHC-5)를 기반으로 개조한 NASA의 실험기인 저소음형 단거리 이착륙기(Quiet Short-haul Research Aircraft, QSRA)가 항공모함 키티호크에서 발착함을 시험했다. 시험 후 NASA는 QSRA의 데이터를 일본 항공기술연구소에 넘겼으며, 데이터는 실험기 아스카(飛鳥)에 활용됐다.

항공모함 포레스탈 함상의 KC-130F. 항공모함에 착함한 가장 큰 항공기다. (사진 제공: 미국 해군)

항공모함 키티호크에 착함하는 NASA의 QSRA 실험기 (사진 제공: FAS)

함재기의 역할과 종류

항공모함의 타격력은 바로 함재기의 타격력이다. 항공모함에는 타격력의 주력인 전투 공격기부터 지원기까지 다양한 종류가 탑재된다. 여기서는 함재기의 임무와 종류를 살펴보겠다.

2006년까지 항공모함에서 운용한 F-14 톰캣

함재기

주류는 멀티롤 전투기

미국 해군은 수년간 항공모함 비행단(CVW)을 각 항공모함에 할당해 운용해왔다. 항공모함 비행단은 4개의 전투 공격 비행대대, 1개의 전자 공격 비행대대, 1개의 조기경보기 비행대대, 1개의 헬리콥터 해상 작전 비행대대, 1개의 헬리콥터 해양 공격 비행대대, 1개의 수송 분견대로 편성되며 전체 소속 항공기는 약 70대 내외다. 현재의 편성 이전에는 정찰기, 전투기, 공격기 등 전용기를 운용하는 부대로 편성했다.

예를 들어 RF-8G 크루세이더 정찰기는 동체 아래와 옆에 카메라를 장착해서 공격 부대의 성과를 확인하는 임무를 수행했다. A-5A 비질란테 공격기는 핵폭탄을 운용하는 임무를 맡았고, A4 스카이호크나 A-7 콜세어 Ⅱ 등의 공격기는 대지 공격이 전문이었다. 함대 방공은 F-14 톰캣 전투기가 오랫동안 수행했다. 다만 방공 능력이 뛰어난 이지스함이 배치되면서 대지 공격이 가능하도록 개조해 임무를 연장했지만 2006년에 퇴역했다. 당시에는 총 85대가 넘는 함재기를 운용하기도 했다.

현재는 공격뿐만 아니라 공대공 전투와 정찰도 한 기종으로 수행하는 멀티롤 전투기(multirole fighter, 다양도 전투기)가 주류를 이루고 있다. 1대로 다양한 역할을 수행할 수 있기에 항공모함 비행단 전체의 탑재기 수도 줄었다. 멀티롤 전투기가 정착하고, 기종이 통일되면서 예비 부품의 수가 줄어 관리 측면에서도 한결 수월해졌다. 게다가 정비사가 사용하는 매뉴얼 수도 크게 줄었다. 작전 수행 시 공격 부대의 배정이 수월해졌고, 조종사의 운용도 유연해지는 등 항공모함의 작전 계획에 크게 공헌하고 있다.

동체 앞쪽에 정찰 카메라를 장착하고, 표적 촬영 임무를 수행하는 RF-8G 크루세이더 사진 정찰기 (사진 제공: 미국 해군)

현재 미국 해군의 함정에는 전술용 핵무기가 없지만, 1970년대에는 핵 공격을 담당한 A-5A 비질란테 공격기도 항공모함에 탑재됐다. (사진 제공: 미국 해군)

적의 전파를 수집하는 ES-3A 섀도 전자 정찰기. 1994년부터 운용했지만 불과 5년 만에 퇴역했다. (사진: 가키타니 데쓰야)

전투 공격기 ❶

공중전도 대지 공격도 가능하다

항공모함의 타격력(대지 공격 능력)은 전투 공격기의 능력에 의해 좌우된다. 현재 전투 공격기는 목표를 정확히 명중시키는 정밀 공격 능력이 필수이며 최첨단 무기를 한 번에 얼마나 많이 탑재할 수 있느냐가 우열을 가린다. 대지 공격뿐만 아니라 고도의 공중전 능력도 필요하다. 고성능 레이더를 탑재하고 장거리를 탐지할 수 있는 능력도 중요하다. 이처럼 다양한 임무를 동시에 수행할 수 있는 전투 공격기가 바로 멀티롤 전투기다.

미국 항공모함에 탑재되는 F/A-18A 호넷은 '전투 공격기'라는 이름이 사용된 첫 사례이며 F/A는 전투 공격기(Fighter Attacker)를 의미한다. 항공모함 탑재를 전제로 개발된 기체이므로 함상에서의 조작성과 정비성이 뛰어나다. 2010년 시점에서 엔진 및 전자기기 등의 성능이 향상된 F/A-18C가 호넷의 주류가 됐으며, 이제 F/A-18A를 사용하는 비행대대는 극히 드물다.

대형화한 F/A-18E 및 F/A-18F는 슈퍼호넷이라 부르며 항공모함 비행단의 주력 기종이다. 주날개가 25퍼센트 커지면서 연료 탑재량과 무기 탑재량이 증가했다. 슈퍼호넷 블록 II는 기수 레이더를 능동식 전자주사(Active Electronically Scanned Array, AESA)형으로 만들어 공대공 모드 및 공대함 모드로 표적을 포착할 수 있으며, 미션 컴퓨터가 해석한 정보를 디스플레이에 나타낸다. F/A-18E는 1인승이고 F/A-18F는 2인승이지만 성능이 거의 같고, 2인승의 뒷자리에는 탑재 무기를 관리하는 무기 시스템 장교(Weapon System Officer, WSO)가 탑승한다. F/A-18E/F는 버디 포드라는 주유 장치를 달고 공중 급유기의 역할도 한다.

보잉 F/A-18C
승무원: 1명
전체 길이: 17.07m
전체 너비: 11.43m(주날개를 접었을 때 8.38m)
전체 높이: 4.66m
엔진: 제너럴 일렉트릭 F404-GE-402(2기)
최대 속도: 마하 1.8 이상
고정 무장: M61 20mm 벌컨(1문)
(사진 제공: 미국 해군)

보잉 F/A-18E
승무원: 1명
전체 길이: 18.38m
전체 너비: 13.62m(미사일 끝까지, 주날개를 접었을 때 9.94m)
전체 높이: 4.88m
엔진: 제너럴 일렉트닉 F414-GE-400(2기)
최대 속도: 마하 1.8 이상
고정 무장: M61A1/A2 20mm 벌컨(1문)
(사진 제공: 미국 해군)

F/A-18F
2인승인 F형의 뒷자리에는 WSO가 무기 관리를 담당한다. 조종 장치는 없지만 훈련용 F/A-18F에는 조종 장치가 있으며 교관이 탑승한다.
(사진 제공: 미국 해군)

전투 공격기 ❷

항공모함 탑재는 F-35C

F-35 라이트닝Ⅱ는 여러 국가가 참여한 합동 전투 공격기(Joint Strike Fighter, JSF) 계획으로 개발된 최신예 전투 공격기다.

시리즈 중에 F-35A는 공군이 사용하는 일반 육상형 기종이고, 강습상륙함에 탑재되는 F-35B는 단거리 이륙 및 수직 착륙(Short Take Off and Vertical Landing, STOVL)형으로 엔진 배기구 방향을 조작해서 전진과 수직 착륙이 가능하며 공중 정지(hovering)도 가능하다. 미국 해병대에 배치된 AV-8B 해리어의 후속기로 2015년 이후 배치됐다.

F-35 시리즈 중에 미국 항공모함에 탑재하는 기종은 F-35C다. 연료를 다량 적재해 항속거리를 늘리고, 양력을 조금이라도 더 확보하기 위해 다른 F-35보다 날개가 1.45배 더 크다. 또한 발함용 런치 바와 착함용 어레스팅 후크를 장착했다. F/A-18보다 스텔스 성능이 뛰어나므로 대지 공격 작전에서 적의 대공 레이더망을 뚫고 침투할 수 있을 것으로 기대한다.

프랑스 해군의 전투 공격기는 라팔 M이다. F-8E(FN) 크루세이더 전투기의 후속 기종으로 공군의 신규 전투기 계획에 맞춰 개발이 시작됐다. 라팔의 기본형인 라팔 A를 기반으로 항공모함 탑재를 위해 런치 바 및 어레스팅 후크를 장착하고 랜딩기어를 강화했다.

F-8E(FN)는 전투 전용기였지만 라팔 M은 공대공 전투뿐만 아니라 정밀 유도 폭탄으로 대지 공격이 가능한 멀티롤 전투기다. 아프가니스탄에서 대지 공격을 성공적으로 수행했으며 ASMP 핵미사일도 운용할 수 있다.

록히드 마틴 F-35B
승무원: 1명
전체 길이: 15.4m
전체 너비: 10.67m
전체 높이: 4.60m
엔진: P&W F135(1기)
최대 속도: 마하 1.6
고정 무장: 기관포 포드
(사진 제공: 록히드 마틴)

록히드 마틴 F-35C
승무원: 1명
전체 길이: 15.49m
전체 너비: 13.11m(주날개를 접었을 때 9.1m)
전체 높이: 4.60m
엔진: P&W F135(1기)
최대 속도: 마하 1.7
고정 무장: 기관포 포드(사진은 개발 당시의 X-35C 시험기)
(사진 제공: 록히드 마틴)

다소 아비아시옹 라팔 M
승무원: 1명
전체 길이: 15.27m
전체 너비: 10.80m
전체 높이: 5.34m
엔진: SNECMA M88-2(2기)
최대 속도: 마하 1.8 이상
고정 무장: GIAT30 30mm 기관포(1문)
(사진 제공: 미국 해군)

공격기 ❶

함상 공격기의 대명사는 해리어

"미국 항공모함의 함장은 공격기 조종사 출신이다."라는 말에서 알 수 있듯이 공격기는 항공모함이 존재하는 이유다. 하지만 최근에는 공대공 전투 능력과 대지 공격 능력이 뛰어난 멀티롤 공격기가 주류다.

미국 해군에서는 이미 공격기라는 기종이 자취를 감췄지만, 소형 항공모함을 운용하는 국가들은 단거리 발함이 가능하고 수직으로 착함하는 해리어 공격기를 탑재해, 항공모함 본연의 역할인 공격력을 갖추면서도 함대를 적기로부터 보호하는 방공 역할도 부여하고 있다. 다만 해리어의 공중전 능력은 뛰어나지 않다.

이탈리아 주세페 가리발디는 AV-8B+ 해리어Ⅱ를 운용했다. 중거리 공대공 미사일 AIM-120 AMRAAM을 장착할 수 있으며, 호넷 전투 공격기와 거의 동일한 성능의 APG-65 화기 관제 레이더를 탑재해 공격기이면서 방공 전투기처럼 뛰어난 공대공 전투 능력을 갖춘 기종이다.

인도 항공모함 INS 비라트는 시 해리어 FRS.51 공격기를 운용한다. 해리어Ⅱ보다 구식이라서 이스라엘제 EL/M-2032 화기 관제 레이더를 탑재하고, 사거리 50km의 더비 중거리 공대공 미사일을 발사할 수 있도록 개량했다. 인도 해군에서 2016년에 퇴역했다.

참고로 해리어 대국이었던 영국은 지금까지 시 해리어 공격기나 공군용 해리어Ⅱ GR7, 해리어Ⅱ GR9 공격기를 항공모함에 탑재해 왔지만, 국방부는 해리어의 운용을 재검토하고 2011년 3월에 해리어Ⅱ를 은퇴시켰다. 이제는 영국의 항공모함 함상에서 해리어의 모습을 볼 수 없다.

BAe 시 해리어. 승무원: 1명 / 전체 길이: 14.50m / 전체 너비: 7.70m / 전체 높이: 3.71m / 엔진: 롤스로이스 페가수스 Mk104(1기) / 최대 속도: 마하 1.2 (사진 제공: Mrityunjoy Mazumdar)

해리어 II GR7. 승무원: 1명 / 전체 길이: 14.53m / 전체 너비: 9.25m / 전체 높이: 3.55m(비행 자세시) / 엔진: 롤스로이스 페가수스 Mk105(1기) / 최대 속도: 마하 0.98 (사진은 GR9) (사진 제공: 영국 국방부)

공격기 ❷

브라질과 러시아에서도 운용 중이다

1970년대 미국 항공모함은 90대 이상의 함재기를 운용했지만, 지금은 70여 대 정도다. 그렇다고 공격력이 떨어진 것은 아니다. F/A-18E/F 슈퍼 호넷의 무기 탑재량은 1970년대 주력 공격기 A-4 스카이호크의 약 2배다. 이뿐만 아니라 레이더나 화기 관제 장치, 엔진 능력 등을 고려하면 F/A-18E/F와 스카이호크의 차이는 2배 이상이다.

브라질은 지금도 스카이호크를 항공모함에서 운용하고 있다. 원래는 미국 해병대의 A-4M 스카이호크 공격기를 쿠웨이트 공군이 구매하면서 A-4KU로 명칭을 바꿨는데, 걸프전 후 쿠웨이트가 F/A-18C/D로 기종을 교체하면서 브라질이 A-4KU를 구매하고 AF-1 팰컨이라고 불렀다. 원래 스카이호크는 함상 공격기로 제작했지만, 브라질이 구매한 스카이호크 20여 대는 미국 해병대 및 쿠웨이트 공군이 지상기지에서 운용한 바 있어 결국 원래 모습인 함재기로 되돌아왔다. AF-1의 무기 탑재량은 4,150kg이다.

러시아도 소형 공격기를 항공모함에서 운용한다. 러시아 공군이나 구 동구권의 여러 나라가 운용하는 Su-25 공격기에 착함 후크를 달아 Su-25UTG라는 이름으로 함상 공격기로 운용하고 있다. Su-25는 아음속으로 저공에서 높은 기동성을 발휘하도록 날개를 직선형으로 디자인했다. 무기 탑재량은 4,400kg이지만 일반 폭탄뿐만 아니라 TV 화상 유도·레이저 유도 Kh-29 공대지 미사일도 운용할 수 있으며, 자체 방어용으로 R-60 단거리 공대공 미사일도 장착할 수 있다. 고정 무장으로는 30mm 기관포를 탑재해 정밀 대지 공격도 가능하다.

더글러스 A-4M(AF-1). 승무원: 1명 / 전체 길이: 12.28m / 전체 너비: 8.11m / 전체 높이: 4.57m / 엔진: P&W J52-P-408A(1기) / 최대 속도: 마하 1.08 / 고정 무장: 콜트 Mk12 20mm 기관포(2문) (사진 제공: 브라질 해군)

수호이 Su-25UTG. 승무원: 1명 / 전체 길이: 15.36m / 전체 너비: 14.36m / 전체 높이: 4.8m / 엔진: R-195(2기) / 최대 속도: 마하 0.94 / 고정 무장: GSh-30-2 30mm 기관포(1문) (사진 제공: 수호이 설계국)

6-06 전자 공격기

항공모함에 전용기를 싣는 나라는 미국뿐이다

적의 대공 미사일은 항공모함에서 발진한 공격기에 위협적인 존재다. 대공 미사일 발사 기지나 대공 레이더기지를 공격 부대가 도착하기 전에 파괴하는 임무를 적 방공망 제압(Suppression of Enemy Air Defense, SEAD) 및 적 방공망 파괴(Destruction of Enemy Air Defense, DEAD)라고 한다.

적의 대공 레이더 전파 발신지를 특정해 전파방해를 하거나 파괴하려면 특정 전파 수신 장치와 방해전파 발사 장치를 기체에 장착해야 한다. 이런 기종을 전자(전) 공격기라고 한다. 항공모함에 전용기를 탑재한 나라는 미국뿐이다.

EA-6B 프라울러는 수직꼬리날개 끝의 커다란 페어링 안에 레이더 전파를 감지하는 수신 장치가 달려 있으며 기체와 날개 아래에는 AN/ALQ-99 전파 방해 포드를 최대 5대 장비해 적의 미사일 기지와 레이더기지, 동료 공격기를 공격하는 적의 미사일을 전파방해해 교란한다. 또한 AGM-88 HARM 고속 대전파원 미사일로 적의 레이더 시설도 공격한다. 승무원은 조종사 외에 전자전 무기 장교가 3명 탑승한다.

EA-6B는 2010년부터 순차적으로 EA-18G 그라울러로 교체했다. F/A-18F 슈퍼호넷을 기반으로 전자 공격기 사양으로 개발했기 때문에 전력이 크게 향상됐다. ALQ-99 전자 방해 포드, ALQ-218 전파 수신 장치 등 전자전 장비를 사용하며 AGM-88 미사일도 탑재한다. 또한 F/A-18E/F(블록Ⅱ형)와 동일한 AN/APG-79 AESA 화기 관제 레이더를 장비하고, AIM-120 AMRAAM 대공 미사일을 장착해 공중전도 가능하다.

노스롭 그루먼 EA-6B. 승무원: 4명 / 전체 길이: 18.24m / 전체 너비: 16.15m(주날개를 접었을 때 7.87m) / 전체 높이: 4.95m / 엔진: P&W J52-P408(2기) / 최대 속도: 마하 0.85 (사진 제공: 미국 해군)

보잉 EA-18G. 승무원: 2명 / 전체 길이: 18.38m / 전체 너비: 13.62m / 전체 높이: 4.88m / 엔진: 제너럴 일렉트릭 F414-GE-400 터보팬 엔진(2기) / 최대 속도: 마하 1.8 (사진 제공: 미국 해군)

전투기

이지스함의 등장으로 수가 줄었다

항공모함에서 전투기는 주로 항공모함 함대를 적기로부터 보호하는 함대 방공과 아군 공격 부대를 호위하는 임무를 수행한다. 제2차 세계대전 이후 일본 항공모함의 영식 함상 전투기 및 미국 항공모함의 F-14A 톰캣 등 항공사에 남을 수많은 명전투기가 존재했다. 그러나 최근 군용기의 다목적화 및 다임무화 추세가 진행되면서 전투기도 대지 공격 능력을 요구받았고 '전투기'라는 이름의 함재기가 줄고 있는 실정이다. 미국의 F/A-18은 'F/A(전투 공격기)'이고 F-35는 'F'(전투기)이지만 실질적으로는 전투 공격기다. 한편 러시아와 중국, 인도의 항공모함이 운용하는 전투기는 대지 공격도 가능하지만 방공이나 초계를 겸한다.

Su-33은 수호이 Su-27 전투기를 기반으로 어레스팅 후크를 장착하고 주날개를 접을 수 있도록 개조했다. 최대 속도 마하 2.3을 자랑하며 높은 기동성을 갖춰 같은 세대인 F-15 전투기, F/A-18 전투 공격기를 능가하는 세계 최강의 전투기로 인정받아 왔다. Su-33은 Su-25 공격기의 호위와 함대 방공 임무를 수행한다. Su-33은 FAB-100(100kg 폭탄)을 장착해 대지 공격도 할 수 있지만, 주요 임무는 아니다.

러시아의 대표적인 전투기로 여러 나라에 수출된 MiG-29의 고성능형인 MiG-29M 전투기를 항공모함 탑재형으로 개량한 MiG-29K 전투기도 항공모함에서 운용하려는 시도가 있었는데 결국 무산됐다. 다만 인도가 러시아 항공모함을 구매하면서 MiG-29K를 운용하기로 결정한 적이 있다. 함대 방공과 일반적인 폭탄을 활용한 제한적인 대지 공격이 주요 임무다.

Su-33. 승무원: 1명 / 전체 길이: 21.19m(기수 프로브 포함) / 전체 너비: 14.70m(주날개를 접었을 때 7.40m) / 전체 높이: 5.90m / 엔진: 사투른 AL-31F3(2기) / 최대 속도: 마하 2.3 / 고정 무장: GSh-30 30mm 기관포(1문) (사진 제공: 미국 해군)

MIG-29K. 승무원: 1명 / 전체 높이: 17.32m / 전체 너비: 11.36m / 전체 높이: 4.73m / 엔진: 클리모프 RD-33K(1기) / 최대 속도: 마하 1.14(해면 고도), 마하 1.79(순항 고도) / 고정 무장: GSh-301 30mm 기관포(1문) (사진 제공: 미그 설계국)

조기경보기

항공모함에서 멀리 떨어진 아군기를 지원한다

항공모함에서 발진한 공격 부대에는 호위 전투기가 가세하고, 대공 레이더로 접근하는 적을 탐지한다. 하지만 항공모함에서 멀리 떨어진 곳에서 작전을 할 때는 장거리 탐지 능력을 보유한 조기경보기의 경계 감시가 필요하다. 표적이 항공모함에서 멀수록 항공모함의 대공 레이더나 무선 교신의 감도가 나빠 항공관제에 지장이 생기기 때문이다.

미국과 프랑스의 항공모함은 E-2C 호크아이 조기경보기를 운용한다. 동체 위에 장착된 접시형 APS-145 레이더로 적을 탐지해서 포착한 적기의 위치 정보를 전투기를 비롯해 항공모함, 방공을 담당하는 이지스함 등에 전달한다. 대규모 작전에서는 공군의 E-3AWACS 조기경보 관제기가 공역을 감시·관제하며 E-2C는 항공모함 주변에서 항공모함 관제 공역과 E-3AWACS 관제 공역의 사이를 담당한다.

미국은 E-2C를 호크아이 2000으로 교체했는데 기체 아래에 크고 둥근 CEC(합동 교전 능력)용 USG-3 안테나를 설치했다. CEC는 수상 함정 작전에 필요한 대용량 데이터를 고속으로 송수신할 수 있으며, 각 함정과 E-2C는 서로 데이터를 공유할 수 있다. 또한 신형 APY-9 레이더를 갖춘 E-2D 조기경보기가 2011년경부터 배치됐다. 러시아와 인도의 항공모함은 Ka-31 조기경보기를 운용하고 영국의 항공모함은 시 킹 AEW.5 조기경보기를 운용한다. 모두 헬리콥터 조기경보기로 기체 아래에 큰 레이더를 장착해 필요할 때 펼쳐서 사용한다. 헬리콥터 조기경보기는 항공모함이 아닌 구축함이나 보급함에 착함해 연료를 보급할 수 있는 장점도 있다.

노스롭 그루먼 E-2C. 승무원: 5명 / 전체 길이: 17.54m / 전체 너비: 24.56m(주날개를 접었을 때 8.94m) / 전체 높이: 5.58m / 엔진: 앨리슨 T56-A-427(2기) / 최대 속도: 626km/h (사진 제공: 노스롭 그루먼)

웨스트랜드 시 킹 ASAC. 승무원: 3명 / 전체 길이: 22.2m / 주회전날개 지름: 20m / 전체 높이: 6m / 엔진: H1400-1(2기) / 최대 속도: 231.5km/h (사진 제공: 영국 해군)

대잠초계기

항공모함의 천적을 요격한다

항공모함에 가장 큰 위협 요소는 잠수함이다. 항공모함은 자체 방어 측면에서 취약하므로 함께 함대를 이루는 구축함이나 잠수함 등의 호위를 받는다. 물론 이들 함정만으로는 잠수함을 상대하기가 쉽지 않다. 그래서 공중에서 잠수함을 공격할 수 있는 대잠초계기의 지원을 받는데, 많은 나라의 항공모함이 대잠초계용 헬리콥터를 운용한다.

대잠초계 헬리콥터는 디핑 소나(dipping SONAR)를 수중에 내려 적의 잠수함이 내는 소리를 감지해 위치를 파악한다. 또한 소리를 감지하는 소노부이를 해상에 다수 투하해 넓은 범위의 해역을 탐지할 수도 있다. 대잠초계 헬리콥터는 어뢰로 잠수함을 공격할 수 있다. 게다가 각종 대잠 장비를 싣기 위해 탑재량이 많은 수송·범용 헬리콥터를 기반으로 개발한다.

미국의 항공모함은 SH-60F 오션호크를 운용하고, 태국의 항공모함은 거의 같은 형태인 S-70B-7을 운용한다. 각각 어뢰 3발을 탑재할 수 있다. 2010년부터 SH-60F는 신형 MH-60R 시 호크로 대체하고 있다. 영국 항공모함은 마린 HM.1을 운용한다. 엔진 3기를 탑재한 대잠 헬리콥터로는 대형에 속하며 어뢰 4발을 탑재할 수 있다. 이탈리아 항공모함도 같은 기종을 EH101ASW라는 명칭으로 운용한다. 또한 이탈리아 해군은 프랑스, 독일, 네덜란드와 함께 개발한 NH90(NFH)을 보유하고 있으며 항공모함에도 탑재할 수 있다. 러시아와 인도의 항공모함은 어뢰 2발을 장착한 이중 반전 로터 방식의 KA-27PL을 운용하고, 프랑스의 항공모함은 마찬가지로 어뢰 2발을 장착한 AS565SB 쿠거를 운용한다.

시코르스키 SH-60F. 승무원: 3명 / 전체 길이: 19.76m(로터 회전 시) / 주회전날개 지름: 16.36m(주회전날개를 접었을 때 7.87m) / 전체 높이: 3.79m / 엔진: T700-GE-401(2기) / 최대 속도: 296km/h (사진 제공: 미국 해군)

아구스타 웨스트랜드 EH101(마린 HM.1). 승무원: 3명 / 전체 길이: 22.8m / 주회전날개 지름: 18.6m / 전체 높이: 6.62m / 엔진: RTM322-01(3기) / 최대 속도: 309.3km/h (사진 제공: 이탈리아 해군)

수색구난기

헬리콥터만의 장점을 살린 임무를 담당한다

수색구난은 헬리콥터의 특성을 살린 임무다. 고정익기가 못하는 구조 활동을 수행한다는 점에서 항공모함에 꼭 필요한 존재다. 수색구난 헬리콥터에 필요한 장비인 호이스트(hoist)는 와이어로 연결된 구명대를 해수면에 내리고 올리는 장치다. 다이버가 해수면으로 뛰어들어 구명대에 조난자를 고정해 매달아서 올린다. 야간에도 추락기나 조난자를 수색할 수 있는 전방감시 적외선 장치(Forward Looking Infrared, FLIR)가 탑재된 기종도 있다.

수색구난 전용기를 보유하지 않은 해군은 대잠초계 헬리콥터가 구난 임무를 맡는 경우도 많다. 미국의 항공모함은 HH-60H 수색구난 헬리콥터를 운용한다. 대잠초계형 SH-60F에서 대잠용 장비를 제거하고 조난자를 수용할 수 있는 공간을 확보했다. HH-60H는 확보한 기내 공간을 활용해 네이비실을 포함한 특수부대를 수송하는 특수작전 지원 임무도 가능하며, 헬파이어 대함 미사일을 장착해 대수상전이나 해상초계 임무도 수행할 수 있다. 참고로 HH-60H의 구난 임무는 신형 MH-60S 다목적 헬리콥터가 투입되면서 점차 줄어들고 있다.

러시아와 인도의 항공모함은 KA-27PS 수색구난 헬리콥터를 운용한다. 테일 로터가 없는 이중 반전 로터 방식이기 때문에 엔진 출력을 추진력과 호버링에 모두 사용할 수 있어 악천후에도 안정적인 구조 작업이 가능하다. 미국의 HH-60H처럼 미사일을 장착할 수 없어 완전한 구난 전용 헬리콥터라고 하겠다. 다만 모든 헬리콥터는 적의 공격 시에도 조난자의 수색구난 작업을 할 수 있도록 자체 방어에 쓸 기관총을 장착할 수 있다.

시코르스키 HH-60H. 승무원: 3명 / 전체 길이: 19.76m(로터 회전 시) / 주회전날개 지름: 16.36m(주회전날개를 접었을 때 7.87m) / 전체 높이: 3.79m / 엔진: T700-GE-401C(2기) / 최대 속도: 296km/h (사진 제공: 미국 해군)

카모프 KA-27. 승무원: 3명 / 전체 길이: 11.30m / 주회전날개 지름: 15.90m / 전체 높이: 5.4m / 엔진: TV3-117V(2기) / 최대 속도: 270km/h (사진: 가키타니 데쓰야)

6-11 수송기

항공모함일지라도 보급 없이 싸울 수는 없다

미국은 항공모함과 육상기지 사이의 물자와 인력을 수송하는 전용 수송기를 운용한다. C-2A 그레이하운드 수송기는 유일한 함상 수송기다. E-2C 호크아이의 초기 모델 E-2A를 기반으로 수송기형으로 개발했기 때문에 외관은 매우 비슷하지만, 동체는 화물과 인력을 실을 수 있도록 커졌고 뒤쪽에는 화물을 실을 수 있는 램프 도어(ramp door)가 있다. 7.7톤의 화물 또는 좌석 40개를 배치할 수 있으며, 좌석 수를 줄여 화물 공간을 추가로 만들 수도 있다. 모든 좌석은 등받이를 접을 수 있어 좌석을 장착한 상태에서도 화물 적재 공간을 확보할 수 있다. 화물은 우편물부터 함재기 제트엔진에 이르기까지 다양한 물자를 탑재한다. 1964년에 처음 비행했는데, 미국 해군은 C-2A를 CMV-22Bs로 교체해 2028년에는 현장에 배치할 예정이다.

HH-60H 수색구난 헬리콥터와 MH-60S 다목적 헬리콥터도 수송기로 운용한다. 평소에는 탑재하지 않지만, 재해 파견 임무가 부여되면 대형 소해·운송 헬리콥터 MH-53E를 수송 임무를 위해 운용하기도 한다. 고정익기를 이용한 수송 임무는 항공모함 탑재 수송(Carrier Onboard Delivery, COD)이라 하고 HH-60H나 MH-53E 등 헬리콥터를 이용한 수송 임무는 수직 탑재 수송(Vertical Onboard Delivery, VOD)이라고 한다. 미국 이외는 수송 헬리콥터로 물자를 수송한다. 이탈리아와 프랑스도 NH90 수송 헬리콥터를 운용한다. 영국과 스페인은 EH101 수송 헬리콥터를 운용하고, 그 외의 나라는 초계 헬리콥터나 수색구난 헬리콥터를 수송 임무에 사용한다.

그루먼 C-2A. 승무원: 3명(추가 탑승원 28명) / 전체 길이: 17.27m / 전체 너비: 24.56m(주날개를 접었을 때 8.94m) / 전체 높이: 4.85m / 엔진: 앨리슨 T56-A-425(2기) / 최대 속도: 574km/h (사진 제공: 미국 해군)

주날개를 접고 램프 도어를 개방한 C-2A 수송기. 항공모함에서 보통 2대를 운용한다. (사진: 가키타니 데쓰야)

연습기

실제 항공모함에서 착함 훈련을 한다

미국 해군에서 조종사가 목표인 신입 대원은 누구나 고정익 단발기인 T-34C 터보 멘토 연습기 또는 T-6A 텍산Ⅱ 연습기로 기초 비행 과정을 훈련한다. 헬리콥터나 해리어 등 착함 후크가 없는 기종 이외의 함재기 조종사가 목표인 학생은 훈련 비행대대에 배속돼 27주간에 걸쳐 T-45A/C 고스호크 연습기로 훈련한다. 처음에는 지상 활주로를 항공모함처럼 본뜬 곳에서 모의 착함 훈련(Field Carrier Landing Practice, FCLP)을 한다. F/A-18 계열과 EA-6B 코스의 학생은 T-45A/C로 실제 항공모함을 이용한 14일간의 착함 자격 심사(undergraduate carrier qualification)에서 착함 10번, 터치 앤 고 4번을 성공해야 한다.

이 심사에 합격하면 이번에는 실전기를 이용한 훈련을 거친다. T-45A는 BAE사의 호크 연습기에 발함용 런치 바와 착함용 어레스팅 후크를 장착해서 함상 연습기로 개발한 훈련기다. 앞 좌석에는 학생이 앉고, 뒷자리에는 교관이 탑승하는 2인승이다. T-45C는 T-45A의 발전형으로 조종석에 액정모니터가 다수 설치된 기체다.

미국 이외의 항공모함 보유국은 전투부대에 배치된 전술기와 같은 형태의 2인승 훈련기를 사용해 교육한다. 미국에서는 F/A-18A 호넷 전투 공격기의 2인승 훈련기인 F/A-18B도 함상에서 사용한다. 가상 적기 비행대대(VFC)가 승함해 항공모함 비행단의 훈련을 지원하고, 미국 해병대 조종사를 훈련하는 부대인 해병 전투 공격 훈련 비행대대(VMFAT)도 항공모함에서 착함 훈련을 한다. VFC나 VMFAT 부대도 F/A-18B로 훈련한다.

BAE 맥더널 더글러스 T-45A. 승무원: 2명 / 전체 길이: 11.8m / 전체 너비: 9.39m / 전체 높이: 4.11m / 엔진: 롤스로이스 F405-RR-401 터보팬 엔진(1기) / 최대 속도: 약 마하 1 (사진 제공: 미국 해군)

보잉 F/A-18B. 승무원: 2명 / 전체 길이: 17.07m / 전체 너비: 11.43m(주날개를 접었을 때 8.38m) / 전체 높이: 4.66m / 엔진: 제너럴 일렉트릭 F404-GE-400(2기) / 최대 속도: 마하 1.7 이상 / 고정 무장: M61 20mm 벌컨(1문) (사진 제공: 미국 해군)

Column

독특하지만 실제로 존재했던 항공모함

일본에는 예전에 이(伊)400형 잠수함이 있었는데 함내에 특수 공격기 '세이란'(晴嵐)을 3대나 탑재했다. 잠수 항공모함으로 불린 이400형 잠수함은 길이 122m, 수중 배수량 6,560톤이다. 선체 세일 부분을 격납고로 삼았는데 부상한 채 격납고에서 캐터펄트 위로 기체를 빼내 발함시켰다. 회수는 해수면에 착수시킨 후에 크레인을 이용하는 방식이다.

영국 해군은 포클랜드 분쟁에서 화물선 애틀랜틱 컨베이어를 징발해 해리어 공격기와 수송 헬리콥터 등을 운반했다. 갑판 선수 쪽에 헬리콥터 스폿을 설치하고 항공기를 발착함시켰다. 현 쪽에는 화물선으로 위장하기 위해 컨테이너를 싣고 선체 중앙에 항공기를 주기했다. 하지만 이 배는 아르헨티나 공군의 쉬페르 에탕다르 공격기가 쏜 엑조세 대함 미사일에 격침당했다.

구 일본 해군의 이400형 잠수함은 공격기를 3대 탑재해 '잠수 항공모함'으로 불렸다. (사진 제공: 미국 국방부)

화물선 애틀랜틱 컨베이어에 해리어 공격기가 착함하는 장면. 갑판에는 공군의 치누크 수송 헬리콥터도 보인다. (사진 제공: Mod. UK)

세계의 항공모함

항공모함의 조건이 '고정익기 운용'이라면 2024년 기준으로 세상에는 항공모함 20척이 존재한다. 여기서는 항공모함과 앞으로 등장할 항공모함, 항공모함의 역할을 하는 함정을 소개한다.

진주만에 정박한 키티호크급 컨스텔레이션(CV 64, 사진 가운데)과 포레스탈급 인디펜던스(CV 62, 사진 왼쪽 위). 두 항공모함은 퇴역했다.

7-01

미국 해군의 원자력 항공모함 ❶

엔터프라이즈(CVN 65)

엔터프라이즈(CVN 65)는 세계 최초의 원자력 항공모함이다. 1958년 2월 4일에 건조해 1961년 11월 25일에 취역했다. 계획보다 3년 빠른 2012년 12월 1일에 함령 52년으로 퇴역했다. 약 1년간 예비함으로 보관하고 3년에 걸쳐 원자로를 제거했다. 세계 첫 해체 사례다.

엔터프라이즈의 등장은 다소 충격적이었다. 함교 윗부분에는 적의 미사일 전파를 포착해 방해전파를 발사하는 ECM 어레이(소자)가 소용돌이처럼 배열된 파고다(불탑) 모양의 원뿔이 자리 잡고 있고, 함교 측면 전체가 대공 감시용 SPS-32와 SPS-33 페이즈드 어레이 레이더로 덮여 있다. SF 영화에 나올 법한 디자인은 새로운 항공모함 시대의 도래를 알리는 듯했다. 엔터프라이즈의 특징은 8기에 달하는 웨스팅하우스 A2W 가압수형 원자로다. 호위함으로 원자력 구축함을 거느리며, 연료 보급 없이 지구 반대편까지 항해하는 원자력 함대가 실현된 것이다.

아이러니하게도 첫 임무는 플로리다반도 앞바다에서 수행했다. 바로 구소련이 쿠바에 탄도 미사일을 배치한 '쿠바 위기' 때다. 당시 미국과 구소련의 군비 확장 경쟁이 절정에 달하면서 서로 원자력함 건조에 열을 올렸다. 하지만 구소련은 원자력 항공모함을 건조할 수 없었고 미국은 원자력 항공모함을 여러 척 만들어 구소련을 압도해 갔다. 냉전 시대에는 핵무기 개발에 예산이 먼저 책정되면서 비용이 많이 드는 원자력 항공모함은 우선순위에서 밀렸다. 급기야 엔터프라이즈는 2번함 건조가 불발되고, 재래식 항공모함인 아메리카(CV 66)가 뒤를 이어 건조됐다.

엔터프라이즈는 1964년에 원자력 순양함 2척과 함께 원자력 수상함 기동부대 TF1을 편성해 무급유로 세계를 일주했으며, 취역 당시에는 원자력 공격 항공모함(CVAN 65)으로 불렸다. 배수량은 나중에 등장하는 니미츠급이 세계 최대지만 전체 길이는 엔터프라이즈가 세계에서 가장 길다. (사진 제공: 미국 해군)

1979년부터 1982년까지 대규모 정비를 단행했으며 이때 엔터프라이즈의 상징이던 파고다 모양의 마스트와 함교 측면의 페이즈드 어레이 레이더를 제거하고, 다른 항공모함과 같은 레이더를 장착해 지금의 모습이 됐다. (사진 제공: 미국 해군)

엔터프라이즈(CVN 65). 1961년 11월 25일 취역 / 만재 배수량: 89,600톤 / 전체 길이: 335.6m / 전체 너비: 75.7m / 기관: A2W 가압수형 원자로(8기), 증기터빈(4기) / 무장: 8연장 시스패로 발사기(3대), CIWS(3문) / 항공모함 비행단 탑재기 수: 약 70대

미국 해군의 원자력 항공모함 ❷

니미츠급

두 번째 원자력 항공모함은 엔터프라이즈급 2번함이 아니라 새로 설계된 원자력 항공모함 니미츠급이다. 엔터프라이즈급이 작은 출력의 원자로인 A2W를 8기 탑재한 것에 비해 니미츠급은 안전성과 기술이 향상된 신형 원자로 A4W를 2기 탑재했다. 2기만으로도 엔터프라이즈급과 비슷한 출력을 낼 수 있다.

1955년 일반적인 동력 항공모함인 포레스탈급이 선체 좌우로 뻗은 비행갑판, 경사갑판, 현 쪽에 배치된 항공기용 엘리베이터, 폐쇄형 뱃머리, 캐터펄트 4대, 광학식 착함 시스템을 갖추고 슈퍼캐리어로 등장한 이후 미국은 항공모함의 기본적인 디자인을 바꾸지 않았다. 이러한 디자인은 엔터프라이즈급과 니미츠급에도 채용됐고, 새 항공모함인 제럴드 R. 포드급도 슈퍼캐리어 디자인을 채택해 슈퍼캐리어 디자인이 얼마나 완성도가 높은지 증명했다.

1번함 니미츠(CVN 68)는 1968년 6월 22일에 건조를 시작해 1975년 5월 3일에 취역했다. 최종함(10번함)인 조지 H. W. 부시(CVN 77)가 2009년 1월 10일에 취역했으므로 총 10척의 항공모함을 배치하는 데 약 34년이 걸렸다. 그동안 기술 진보로 무장 및 전자기기, 건조 방법 등이 달라졌지만 니미츠급의 콘셉트는 바뀌지 않았다. 만약 콘셉트에 문제가 있었다면 새롭게 설계한 항공모함이 등장했을 것이다. 니미츠급은 등장 이후 줄곧 미국 해군의 주력 항공모함으로서 부동의 지위를 고수하고 있는 셈이다.

2010년 아이티 지진 때 이재민을 구조하러 가는 칼 빈슨(CVN 70). 함수 쪽 2대의 캐터펄트 부근에서 오염이 눈에 띈다. 갑판의 페인트 도장 상태를 잘 알 수 있다. (사진 제공: 미국 해군)

2003년 당시의 칼 빈슨(CVN 70). 개조 전의 모습으로 위 사진과는 마스트 형상이 다르다. 또한 엔터프라이즈와 비교해 함교의 너비가 좁다. (사진 제공: 미국 해군)

니미츠(CVN 68). 1975년 5월 3일 취역 / 만재 배수량 97,000톤 / 전체 길이: 332.9m / 전체 너비: 76.83m / 기관: 웨스팅하우스 A4W 원자로(2기), 증기터빈(4기), / 무장: 8연장 시스패로 발사기(2대), RAM(2대) / 항공모함 항공단 탑재기 수: 약 70대

7-03 미국 해군의 원자력 항공모함 ❸

니미츠급(중기형, 후기형, 개량형)

니미츠급은 1번함부터 10번함까지 34년 동안 각종 기술이 발전함에 따라 취역 시기별 사양이 다르다. 유형을 구별하는 정식 명칭은 없지만 '초기형', '중기형', '후기형'으로 나눌 수 있다.

초기형
1번함 니미츠(CVN 68)
2번함 드와이트 D. 아이젠하워(CVN 69)
3번함 칼 빈슨(CVN 70)

중기형
4번함 시어도어 루스벨트(CVN 71)
5번함 에이브러햄 링컨(CVN 72)
6번함 조지 워싱턴(CVN 73)
7번함 존 C. 스테니스(CVN 74)
8번함 해리 S. 트루먼(CVN 75)

중기형의 특징은 갑판 및 탄약고 주변의 장갑 보강을 비롯해서 SPS-48E 대공 레이더를 함교 위에 배치하고, SPS-49 대공 레이더를 함교 뒤쪽의 마스트 위에 배치했다는 점이다.

후기형

9번함 로널드 레이건(CVN 76)

10번함 조지 H. W. 부시(CVN 77)

8번함부터 선체에 블록 단위 건조법을 채용했는데, 이 점이 후기형으로 이어진다. 그동안 함교 후방에 있던 SPS-49 대공 레이더용 마스트를 함교와 일체화하면서 외관이 기존 니미츠급과 달라졌다. 1번부터 3번함은 나중에 후기형에 준하는 개조를 거쳐 방어 능력을 높인 함정 자체 방어 시스템*(SSDS)을 설치했다.

니미츠급 후기형인 9번함 로널드 레이건(CVN 76)의 함교. 함교 뒤쪽에 간격을 두고 설치했던 대공 레이더를 함교 구조물에 통합하면서 미미하지만 비행갑판이 넓어졌다. (사진 제공: 미국 해군)

개조 후의 니미츠(CVN 68). 외관상으로는 마스트의 형상 및 자위용 대공 무기가 다르다. 163쪽의 동급 칼 빈슨과 달리 함미의 CIWS 20mm 기관포를 철거했다. (사진 제공: 미국 해군)

* 함정 자체 방어 시스템(SSDS): 해수면을 타고 접근하는 대함 미사일과 속도가 느리고 움직임이 불안정한 소형기를 이용한 자폭 테러를 막기 위한 수상 감시 레이더 SPQ-9B를 장착했다. 기존에 탑재했던 CIWS 20mm 기관포 대신에 롤링 에어프레임 미사일(RAM)로 불리는 단거리 대공 미사일을 탑재하고 방어 무기를 총괄적으로 제어할 수 있다. 2009년부터 4번함(CVN 71)이 연료 교체 및 대규모 개조 작업을 진행하면서 자체 방어 시스템을 설치했으며 이후 CVN 72, CVN 74, CVN 75에도 설치했다. 일본의 요코스카가 모항인 조지 워싱턴(CVN 73)은 2009년 당시에 이미 함정 자체 방어 시스템을 갖췄다.

미국 해군의 원자력 항공모함 ❹

일본에 배치된 니미츠급

미국 해군은 1973년 미드웨이급 항공모함 미드웨이(CV 41)를 일본의 요코스카에 배치했다. 이후 1991년에 포레스탈급 항공모함 인디펜던스(CV 62)로 교체하고, 1998년에는 키티호크급 항공모함 키티호크(CV 63)로 다시 교체했으며, 2008년부터는 니미츠급 6번함 조지 워싱턴(CVN 73)이 그 자리를 대신하고 있다. 1992년 취역한 조지 워싱턴은 요코스카에 배치되기 전에는 2002년 7월부터 아프가니스탄에서 항구적 자유 작전(operation enduring freedom)에 참여했고, 2004년 4월에는 미국 해병대가 이라크 북부에서 실시한 작전에도 참여했지만, 요코스카 기지에 배치된 이후에는 실전 경험이 없다. 원자력 항공모함은 수명이 약 40~50년이지만 그사이에 원자로 우라늄 연료를 한 번 교체해야 해서 2015년 5월에 일본을 떠나 버지니아주 뉴포트 뉴스 조선소로 들어갔다.

대신에 2015년 여름부터는 니미츠급 9번함 로널드 레이건(CVN 76)이 요코스카에 배치됐다. 2003년 7월 12일에 취역한 로널드 레이건은 2006년에 항구적 자유 작전, 이라크 자유 작전(operation Iraq freedom)에 참여했고, 2008년에 필리핀 태풍 재해 지원 작전에 참여했다. 2011년 동일본 대지진 때는 도모다치(친구) 작전에 참여했으며 HH-60H, SH-60F 헬리콥터를 비롯해 C-2 수송기로 물자를 보급하고 E-2C 조기경보기로 공역 관제, F/A-18E로 지형 사진 촬영 등을 실시했다. 로널드 레이건도 2020년대 후반에 뉴포트 뉴스 조선소에서 우라늄 연료를 교체할 예정이다.

2008년 9월 25일, 요코스카 기지에 처음 입항한 조지 워싱턴. 승무원이 현 쪽에 줄을 서는 '등현례'를 실시하고 있다. 일본의 해상자위대 호위함을 포함해 정박 중인 모든 선박이 일제히 환영의 고동을 울렸다. (사진: 가키타니 데쓰야)

2009년 미일 연합훈련 ANNUALEX에 참가한 조지 워싱턴과 일본 해상자위대의 호위함 휴가(DDH 181)의 모습. 미일 안보의 유대감을 보여주는 장면이다. (사진 제공: 미국 해군)

조지 워싱턴(CVN 73). 1992년 7월 4일 취역 / 만재 배수량 97,000톤 / 전체 길이: 332.9m / 전체 너비: 76.83m / 기관: 웨스팅하우스 A4W 원자로(2기), 증기터빈(4기) / 무장: 8연장 시스패로 발사기(2대), CIWS(2문), RAM(2대) / 항공모함 비행단 탑재기 수: 약 70대

미국 해군의 원자력 항공모함 ❺

제럴드 R. 포드급

제럴드 R. 포드급 원자력 항공모함은 1번함이 2017년에 취역한 차세대 항공모함이다. 개발 초기에는 경사갑판이 없는 넓은 비행갑판과 앞뒤로 분할된 함교, 안정성 향상을 위한 쌍동선형 등 참신한 디자인이 많이 제안됐다. 하지만 최종적으로는 슈퍼캐리어를 잇는 무난한 디자인이 채용되면서 외관은 니미츠급과 크게 달라지지 않았다. 다만 함교가 니미츠급에 비해 약 30m 뒤쪽에 위치하고, 항공기용 엘리베이터가 1대 적은 3대다.

함교 측면에는 탐지 거리 500km의 광역 대공 레이더가 있어 적의 항공기나 대함 미사일을 탐지할 뿐만 아니라 아군 항공기 관제에도 사용한다. RIM-162 개량형 시스패로 대공 미사일(ESSM)은 함교 위쪽에 있는 3대의 AN/SPY-3 다기능 레이더로 유도한다. ESSM은 우현 앞쪽과 좌현 뒤쪽의 수직 발사 시스템(VLS)에서 발사된다.

원자로는 A4W를 발전시킨 A1B를 2기 탑재하며 핵연료의 수명은 50년이다. 니미츠급은 약 20년 이내에 연료를 교체해야 하지만 포드급은 연료 교체가 필요 없다. 또한 포드급 1번함은 증기터빈을 사용해 프로펠러를 돌리지만 2번함부터는 신형 터보 일렉트릭 방식(통합 전기 방식)을 채택했다. 전자력을 이용한 전자식 캐터펄트를 탑재했다. 어레스팅 와이어는 장력 조절에 모터를 사용하는 전기 가감압이 가능한 AAG(Advanced Arresting Gear)라는 어레스팅 장치를 설치했다.

포드급 상상도. 수명을 50년으로 계산하면 1번함의 퇴역은 2067년이다. (일러스트 제공: 노스롭 그루먼)

3대의 엘리베이터와 뒤로 물러난 함교의 위치 등 니미츠급과 다른 점을 발견할 수 있다. (일러스트 제공: 미국 해군)

제럴드 R. 포드(CVN 78). 2017년 취역 / 만재 배수량: 100,000톤 / 전체 길이: 333m / 전체 너비: 41m / 기관: A1B 가압수형 원자로(2기), 증기터빈(4기) / 무장: 시스패로 SAM 발사기(2대), CIWS(2문), RAM(2대) / 항공모함 비행단 탑재기 수: 65대 이상

7-06 러시아 해군의 항공모함

어드미럴 쿠즈네초프

러시아는 항공모함을 항공 순양함이라고 부른다. 해군기지가 있는 흑해에서 지중해로 나가려면 보스포루스 해협과 다르다넬스 해협을 통과해야 하는데 국제조약으로 '항공모함 통행금지'로 지정돼 있기 때문이다. 구소련의 키예프급 항공 순양함은 미사일과 주포 등을 갑판에 늘어놓았지만, 이후 건조된 중항공 순양함 어드미럴 쿠즈네초프는 완전한 항공모함의 모습이다.

어드미럴 쿠즈네초프는 리가라는 이름으로 1983년에 건조를 시작했는데 도중에 3차례 이름이 바뀌는 과정을 거쳐 1991년에 취역했다. 함수에 14도 스키 점프대를 설치해서 수호이 Su-33 플랭커 전투기가 캐터펄트 없이 발함한다. 갑판 위에는 P-700 대함 순항 미사일 수직 발사기가 12대 있다. 전체 길이는 304.5m로 미국 항공모함과 비슷하지만 탑재기 수는 약 절반에 그친다. 무기 장착이 많아 함수 쪽에 탑재기가 계류할 수 없기 때문이다. Su-25 공격기를 5대 정도 운용하지만 탑재기를 이용한 타격력보다 항공모함 함대의 미사일 공격을 중시하기 때문에 미사일 발사 기지라는 느낌이 강하며, 함재기는 이를 방어하는 수단이다.

1985년에는 2번함 리가를 건조해서 1988년에 진수했다. 이 또한 도중에 이름을 바랴크로 바꿨는데 2년 후에 공사를 중단했다. 구소련 붕괴로 우크라이나의 자산으로 귀속됐고 완성되지 못한 채 중국에 매각됐다. 이후 러시아는 항공모함을 건조하지 않았지만 2008년에 러시아 해군 총사령관이 2012년부터 항공모함 건조를 시작해 향후 5~6척의 항공모함을 태평양과 북해 등에 배치하겠다는 의사를 밝힌 적이 있다.

갑판에 그려진 여러 점선은 활주로의 중심선이다. 무장으로 무거운 함재기는 갑판 뒤로 이동해 이륙 거리를 추가로 확보한다. (사진 제공: 미국 해군)

함수의 스키 점프대에서 본 비행갑판. 함교 전면의 사각형은 대공 탐지용 페이즈드 어레이 레이더다. (사진 제공: 미국 해군)

어드미럴 쿠즈네초프. 1991년 1월 21일 취역 / 만재 배수량: 67,000톤 / 전체 길이: 304.5m / 전체 너비: 73m / 기관: 증기터빈(4기) / 무장: SS-N-19 대함 미사일용 단장 VLS(12대), SA-N-9용 6연장 VLS(4대), CADS-N-1(8문), CIWS(6문), RBU12000 대잠 미사일 발사기(2대) / 탑재기 수: 약 40대

영국 해군의 항공모함 ❶

인빈시블급

1970년대는 영국에서 항공모함 불필요론이 제기되던 시절이어서 '지휘 순양함 및 헬리콥터 탑재 순양함 검토'라는 명목으로 인빈시블급이 논의됐다.

여러 차례 디자인 변경을 거쳐 최종적으로 지원 항공모함(CVS)의 모습으로 건조됐다. 전체 길이 209m, 만재 배수량 22,000톤이라는 크기는 영국이 보유한 항공모함 중에서 소형이라 경항공모함이라고 부르기도 한다.

캐터펄트가 없고 함수에 스키 점프대를 설치해 시 해리어 공격기가 활주하며 발함한다. 1번함의 점프대 각도는 취역 시 7도였으나 발함기의 양력을 높이기 위해 후에 개조됐다. (인빈시블과 아크 로열은 12도, 일러스트리어스는 13도)

방어용 무기도 취역 시에는 시다트 대공 미사일이었지만 골키퍼 30mm 기관포로 교체됐다. 미사일 발사기와 탄약고를 철거하고, 비행갑판과 격납고를 확대해서 범용성을 높였다. 대공 미사일 방어는 호위하는 방공형 구축함이 담당한다. 비행갑판과 격납고에는 해리어와 헬리콥터 약 20대를 탑재해 헬리콥터 상륙함 오션(L12)이 취역하기 전까지는 수송 헬리콥터와 해병대를 싣고 상륙함 역할을 수행하기도 했다.

1번함 인빈시블(R05)은 포클랜드 전쟁 같은 실전 기회도 있었지만 2005년에 퇴역했다. 2번함 일러스트리어스(R06)는 2016년에 퇴역할 예정이었으나 앞당겨 2014년에 퇴역했다. 3번함 아크 로열(R07)도 2011년에 퇴역했다.

정면에서 바라본 2번함 일러스트리어스. 갑판 좌현 쪽은 활주로이며 우현 쪽은 주기 구역이다.
(사진 제공: 미국 해군)

아크 로열(R 07). 1985년 11월 1일 취역 / 만재 배수량: 22,000톤 / 전체 길이: 209m / 전체 너비: 36m / 기관: 롤스로이스 올림푸스 가스터빈(4기), 디젤 발전기(8기) / 무장: CIWS(3문), 30mm 기관포(2문) / 탑재기 수: 약 25대 · 사진은 함수에 30mm 기관포를 장비하고 있을 때의 모습이다.

영국 해군의 항공모함 ❷

퀸 엘리자베스급

퀸 엘리자베스급은 인빈시블급의 뒤를 잇는 미래형 항공모함 CVF(Future Aircraft Carrier)다. 인빈시블급은 정치적인 이유로 경항공모함으로 분류했지만 퀸 엘리자베스급은 처음부터 정규 항공모함으로 계획됐다. 인빈시블급보다 3배나 크며 탑재기 수도 크게 웃도는 약 50대다. 탑재기는 스토블 방식의 F-35B를 운용할 예정이지만, 2010년에 계획을 변경하면서 미국 해군과 동일한 F-35C를 탑재하고 스키 점프대 방식을 캐터펄트 방식으로 수정했다가 다시 F-35B와 스키 점프대 방식으로 변경했다.

2척을 건조하기로 했지만, 비용 절감 차원에서 1척만 완성하고 신형 상륙함을 도입하기로 계획을 변경했다. 하지만 해군 내부에서 반대하면서 2척을 모두 건조하기로 계획을 바꿔 2017년에 1번함 퀸 엘리자베스(R08)가 취역하고, 2019년에 2번함 프린스 오브 웨일스(R09)가 취역했다.

기존 영국 항공모함은 항공기용 엘리베이터가 갑판 중앙에 위치했지만, 퀸 엘리자베스급은 우현 쪽 2곳에 엘리베이터를 설치했다. 이 덕분에 격납고와 비행갑판을 효과적으로 활용할 수 있다. 디자인 측면에서 기존 항공모함과 가장 다른 점은 함교 배치다. 함교를 앞뒤 2개로 분할하고 각 함교에 굴뚝을 배치해 기관에서 배출되는 배기 통로를 짧게 줄였다. 참고로 앞쪽 함교는 항해 함교이고, 뒤쪽은 항공관제용 함교다. 또한 승무원 수도 함정 크기에 비해 적은 600명만 탑승하는 등 효율화를 꾀했다. 다만 해병대 또는 재해 파견 임무를 맡은 비전투원의 탑승도 고려해 1,450명이 거주할 수 있는 공간을 확보했다.

계획 변경 전의 항공모함 퀸 엘리자베스의 완성 일러스트. 앞뒤로 나뉜 함교가 특징이다. 앞쪽 항해 함교의 위쪽에는 S1850M 장거리 대공 레이더가 있다. (일러스트 제공 : 영국 해군)

기관은 가스터빈 엔진으로 발전해서 모터로 프로펠러를 돌리는 전기 추진 방식이다. (일러스트 제공: 영국 해군)

퀸 엘리자베스. 2017년 취역 / 만재 배수량: 65,000톤 / 전체 길이: 280m / 전체 너비: 73m / 기관: 롤스로이스 MT30 가스터빈(2기), 디젤 일렉트릭(4기) / 무장 CIWS(4문), 30mm포(4문) / 탑재기 수: 최대 60대

프랑스 해군의 원자력 항공모함

샤를 드골(R 91)

프랑스 해군은 과거 클레망소(R 98)와 포슈(R 99)라는 항공모함을 건조한 바 있다. 샤를 드골(R 91)은 세 번째 항공모함이며 1980년대에 계획했으나, 여러 문제로 개발이 지연되다가 2001년에 취역했다. 샤를 드골은 미국 이외에서 건조한 첫 원자력 항공모함으로 프랑스의 자국산 원자로인 K-15를 2기 탑재했다.

함수의 좌현 쪽과 경사갑판 쪽에는 미국제 C13-3 캐터펄트가 2대 설치돼 있으며, 라팔 전투기, E-2C 호크아이 조기경보기를 발함하는 데 사용한다. 경사갑판에 구비한 어레스팅 와이어를 사용해 착함한다. 이와 같은 캐토바 방식의 항공모함은 미국, 브라질, 프랑스만 보유하고 있다.

핵미사일 ASMP를 탑재할 수 있는 라팔 M 전투기를 운용하기 때문에 세계에서 유일하게 핵 공격이 가능한 항공모함이다. 미국 해군의 항공모함도 과거에는 핵무기를 탑재했지만 함내에서 핵무기를 보관하고 관리해야 한다는 번거로움과 비용, 국방부 운용 방침 등을 이유로 현재는 운용하지 않는다. ASMP 핵미사일은 핵탄두가 장착된 순항 미사일로 핵 억지력을 위해 운용한다. 사거리는 최대 300km로 알려졌다. 샤를 드골은 상륙함의 임무도 수행한다. 850명의 병사가 거주할 수 있는 구역이 있으며 상륙작전 시에는 공군의 AS322 같은 수송 헬리콥터를 운용한다. 전투 차량이나 상륙주정의 전용 탑재 구역은 없다. 2번함 건조도 예정돼 있었지만 중단됐으며, 대신에 새 항공모함 PA2의 개발을 계획했다.

취역 전에 E-2C를 운영하기에는 경사갑판의 길이가 짧은 것으로 판명돼 추가로 연장 공사를 하면서 취역이 지연됐다. (사진 제공: 프랑스 해군)

2001년 대테러 전쟁에서는 쉬페르 에탕다르 16대와 라팔 2대를 탑재하고 처음으로 참전했다. (사진 제공: 프랑스 해군)

샤를 드골(R 91). 2001년 5월 18일 취역 / 만재 배수량: 42,000톤 / 전체 길이: 261.5m / 전체 너비: 64m / 기관: K-15 가압수형 원자로(2기), 증기터빈(2기) / 무장: 애스터 대공 미사일용 8셀 VLS(4대), 사드랄 대공 미사일 6연장 발사기(2대), 20mm 기관포(8문) / 탑재기 수: 약 40대

프랑스 해군의 항공모함

PA2(Porte Avions 2)

프랑스 해군은 원자력 항공모함인 샤를 드골을 1척만 운용하고 있어 정비 기간 중에는 항공모함이 부재하는 상황이 발생한다. 그래서 두 번째 항공모함을 계획했다. 함명이 정식으로 결정될 때까지 두 번째 항공모함을 뜻하는 PA2(Porte Avions 2)라고 부르며 2017년에 취역시킬 예정이었다. 그런데 2013년 국방계획에서는 PA2 계획을 언급하지 않았고, 조선소 발주도 되지 않아 사실상 계획이 취소됐다.

PA2 계획은 원래 영국 해군의 CVN 계획(퀸 엘리자베스급 항공모함)을 설계하는 탈레스 UK사와 BMT사의 협력을 받아 CVN 계획함을 기반으로 탈레스 나발 프랑스사와 DCN사가 설계했다. 원래 영국이 개발비를 지불하고 있었기 때문에 프랑스 정부는 그에 상응하는 금액을 지불하기로 합의하고 계획을 허가받았다.

퀸 엘리자베스급은 당초에 F-35B를 운용하고 스토블 방식으로 건조할 계획이었다가 캐토바 방식으로 변경했다. 반면 프랑스는 보유 중인 샤를 드골과의 호환성을 고려해 라팔과 E-2C를 운용하기로 했다. 그래서 캐터펄트로 사출하기 위해 캐토바 방식으로 결정했다. 비행갑판을 수평으로 설치하고, 니미츠급과 같은 증기 캐터펄트인 C13-2를 미국에서 수입할 예정이었다. 함교 디자인은 항해 함교와 항공관제용 함교, 둘로 나눈 디자인을 PA2에도 채택할 계획이었다. 한편 프랑스는 원자력 기관을 원했지만, 일반적인 동력 기관으로 설계한 영국이 원자력 탑재에 난색을 보인 것으로 알려졌다.

길이 약 90m의 C13-2 증기 캐터펄트 2개가 영국이 제시한 원래 디자인과 비교해 크게 다른 점이다. 비행갑판의 고정익기는 모두 라팔이다. (일러스트 제공: DCN/THALES)

일러스트에는 항해 함교의 마스트에 피라미드 모양의 헤라클레스 대공 레이더가 보인다. PA2를 설계한 탈레스 네덜란드사가 담당할 예정이었다. (일러스트 제공: DCN/THALES)

PA2급. 2013년에 계획 취소 / 만재 배수량: 75,000톤 / 전체 길이: 283m / 전체 너비: 73m / 기관: 롤스로이스 MT30 가스터빈(2기), 디젤 일렉트릭(4기) / 무장: 실버 VLS(애스터 15)(2대), 20mm 기관포(8문) / 탑재기 수: 약 50대

이탈리아 해군의 항공모함 ❶

주세페 가리발디(C 551)

이탈리아는 제2차 세계대전 중에 여객선을 개조해 항공모함(아퀼라, 스파르비에로) 2척을 보유하려고 했으나 이탈리아 정부가 연합국에 항복하면서 2척 모두 완성하지 못했다. 이탈리아 해군의 첫 항공모함은 1985년에 취역한 주세페 가리발디다. 취역 당시에 이탈리아 해군은 고정익기를 보유할 수 없다는 법률(공군법)이 있었기 때문에 대잠 헬리콥터만 운용했다. 그사이 법을 개정해 1994년부터 AV-8B 해리어Ⅱ를 운용했다.

일본 해상자위대의 호위함 '휴가'형보다 작은 만재 배수량 13,850톤, 전체 길이 180m이지만 해리어 공격기를 포함해 함재기 약 20대를 운용할 수 있다. 비행갑판은 평평해 보이지만 함수 쪽에 걸쳐 6.5도로 경사져 있어 스키 점프대와 같이 해리어 활주에 양력을 보태준다. 경사 각도가 작기 때문에 발함 시 항공모함의 속력을 높이거나 연료나 탄약을 줄여 기체를 가볍게 만드는 식으로 대응한다.

함대 방공, 대지 공격, 상륙 지원 등 다목적 임무를 수행하고 있으며 상륙함 임무 시에는 AB205A 다용도 헬리콥터, A129 공격 헬리콥터, CH-47C 수송 헬리콥터 등 육군기를 운용하기도 한다. 방어 무기는 앨버트로스 단거리 대공 미사일과 40mm 기관포 외에 항공모함으로서는 드물게 함수에 잠수함 탐지용 소나(DE-1160LF)와 현 쪽에 어뢰(3연장 어뢰 발사관)도 장착돼 있다. 애초에는 2번함 계획도 있었지만 중단됐고, 더 큰 카보우르급 항공모함 개발로 계획을 수정했다. 카보우르가 취역한 후에도 주세페 가리발디는 계속 현역으로 활약한다.

사진상으로는 갑판이 스키 점프대처럼 보이지 않는다. 함교 앞뒤의 흰색 점선이 항공기용 엘리베이터다. (사진 제공: 이탈리아 해군)

함교 옆에 EH101 범용 헬리콥터가 주기하고 있다. 함미에는 다르도 40mm 기관포가 보이고, 함교 뒤쪽에는 앨버트로스 대공 미사일 발사기가 보인다. (사진 제공: 이탈리아 해군)

주세페 가리발디(C 551). 1985년 9월 30일 취역 / 만재 배수량: 13,850톤 / 전체 길이: 180m / 전체 너비: 33.4m / 기관: GE LM2500 가스터빈(4기) / 무장: 아스피데 단SAM, 8연장 발사기(2대), 40mm 연장 기관포(3문), 3연장 단어뢰 발사관(2대) / 탑재기 수: 약 20대

이탈리아 해군의 항공모함 ❷

카보우르(C 550)

이탈리아 해군의 두 번째 항공모함 카보우르는 주세페 가리발디의 후계함이 아닌 헬리콥터 순양함 비트리오 베네토의 후계함으로 개발했다. 하지만 순양함이 아닌 항공모함과 상륙함의 기능을 합친 다목적함이다. 비행갑판은 220m이며 활주로가 있는 좌현 쪽은 12도의 스키 점프대가 설치돼 있다. 비행갑판과 격납고에 총 12대 정도 계류할 수 있다. AV-8B 해리어Ⅱ 공격기를 1개 비행대대분인 12대 정도 운용하는데, 2021년에 F-35B 전투기를 배치했다.

상륙함 기능도 있다. 상륙정, 고속보트(복합정 RHIB) 등의 주정은 좌현 쪽 세 군데, 우현 쪽 두 군데에 있는 권양기 및 크레인을 이용해 바다 위로 띄운다. 함미에는 수륙양용 강습차(AAV)의 발진을 위한 경사로가 있으며, 정지한 상태에서 해치를 내리면 경사진 해치를 타고 AAV가 해면으로 내려갈 수 있다. 항구에서 장갑차나 차량 등을 하역하기 쉽도록 우현 쪽 두 군데에 RoRo(Roll on Roll off: 차량이 드나들 수 있음) 기능이 있다. 항공기용 격납고는 차량 격납고로도 사용할 수 있다.

약 400명을 수용할 수 있는 거주 구역이 있어 해병대나 비상시 대피하는 자국민들을 수용할 수 있다. 대공 방어는 영국과 함께 공동 개발한 PAAMS 함대 방공 시스템이 맡는다. 마스트 위의 EMPAR 다기능 레이더로 적기와 적 미사일을 탐지하고, 좌현 함미 쪽에 있는 32개의 수직 발사 시스템(VLS)에서 애스터 15 대공 미사일을 발사한다. 76mm 포는 2문이며 근접 대공포로 사용한다.

좌현 함미 쪽에 애스터 15 대공 미사일을 장착한 VLS가 보인다. 비행갑판의 함수 쪽에 TAV-8B 해리어 연습기, AV-8B 해리어 공격기가 보인다. 그 뒤로 EH101 범용 헬리콥터가 주기해 있다. (사진 제공: 이탈리아 해군)

함수에 적의 전파를 포착하는 전자전 지원 장치 ESM이 설치된 것이 특징이다. 함교 앞에 주기 중인 해리어의 위치에 격납고로 이어지는 항공기용 엘리베이터가 있다. (사진 제공: 이탈리아 해군)

카보우르(C 550). 2008년 4월 27일 취역 / 만재 배수량: 26,500톤 / 전체 길이: 234.4m / 전체 너비: 39m / 기관: GE LM2500 가스터빈(4기) / 무장: 실버 A43VLS(애스터 15용 8셀)(4대), 76mm 단장포(2문), 25mm 기관포(3문) / 탑재기 수: 약 25대

스페인 해군의 항공모함

프린시페 데 아스투리아스(R 11)

스페인은 미국이 제2차 세계대전에서 사용한 인디펜던스급 경항공모함 캐봇(CVL 27)을 항공모함 데달로(R 01)라는 이름으로 1967년부터 1989년까지 사용했다. AV-8S 해리어 공격기와 SH-3D/H 시 킹 대잠초계 헬리콥터, AH-1G 코브라 공격 헬리콥터를 운용했다. 후계함으로 첫 자국산 항공모함인 프린시페 데 아스투리아스(R 11)가 1988년에 취역했다.

아스투리아스는 미국 해군이 과거에 검토했던 제해함(Sea Control Ship, SCS)이 모델이었으며 미국 기업과 공동 개발했다. 제해함은 대형 항공모함을 투입할 정도가 아닌 상황에서 소형 항공모함을 투입해 제해권을 유지할 목적으로 계획했지만, 미국에서는 도입을 포기했다. 하지만 경제적으로 대형 항공모함을 도입할 수 없던 스페인이 소형 항공모함을 검토하면서 미국의 SCS 계획에 주목했다.

미국이 디자인한 SCS 계획과는 다르게 함수에 각도가 12도인 스키 점프대가 있는데, 캐터펄트가 필요 없는 AV-8B를 운영하기 때문이다. 비행갑판의 길이는 175.3m이며 그 3분의 2에 해당하는 구역에 함재기 12대를 둘 수 있고, 격납고에 함재기 17대를 탑재할 수 있다. 작지만 영국의 인빈시블급 항공모함과 동등한 탑재 능력을 지녔다. 스페인 해군은 새로운 강습상륙함인 후안 카를로스 I을 2010년 취역시켜 항공모함의 역할도 부여했다. 이에 따라 프린시페 데 아스투리아스는 2013년에 퇴역하고 예비함으로 보관 중이다. 예비함은 현역으로 복귀할 수 있도록 어느 정도의 정비를 하지만, 언제까지 보관할지는 미정이다.

갑판 위의 함수에서 함미로 뻗은 검은색과 노란색의 선은 해리어 공격기의 발함용 중심선이다. 흰색 T자 선은 헬리콥터 발착함용 스폿이다. (사진 제공: 미국 해군)

함미의 현 양쪽에는 메로카 20mm 기관포(CIWS)가 설치돼 있다. 함미의 열린 부분은 비행갑판과 격납고를 연결하는 항공기용 엘리베이터다. (사진 제공: Michael Nitz)

프린시페 데 아스토리아스(R 11). 1988년 5월 30일 취역 / 만재 배수량: 17,400톤 / 전체 길이: 196m / 전체 너비: 24.3m / 기관: GE LM2500 가스터빈(2기) / 무장: CIWS(4문) / 탑재기 수: 약 29대

인도 해군의 항공모함 ❶

비라트(R 22)

인도 해군은 영국에서 미완성의 마제스틱급 항공모함 허큘리스를 구입해 비크란트(R 11)라고 이름 붙이고 1961년에 배치했다. 이 항공모함은 파키스탄 및 스리랑카에서 벌어진 실전에 투입되기도 했다. 인도는 더욱 강력한 해군을 목표로 영국의 항공모함 허미스(R 12)를 추가로 구입하고, 1987년에 비라트(R 22)라는 이름으로 취역시켰다. 인도 해군은 비크란트가 퇴역하는 1997년 1월까지 항공모함 2척을 운용했다.

허미스였던 시절에는 캐터펄트를 설치하고, 시 빅슨 전투기와 버커니어 공격기를 운용했지만 1980년에 캐터펄트를 철거했다. 대신에 각도 12도짜리 스키 점프대를 설치해 V/STOL기용 항공모함으로 거듭났다. 1982년 포클랜드 전쟁에서는 해리어 공격기를 탑재하고 영국 함대의 기함으로 활약하기도 했다.

영국에서 1984년에 퇴역하고 인도가 구매한 후에도 마찬가지로 시 해리어 Mk51로 함대 방공과 대지 공격 임무를 수행하고, 시 킹 Mk42B/C로 대잠작전을 수행했다. 조기경보 관제는 러시아제인 Ka-31을 이용했다.

자체 방어는 이스라엘이 개발한 바락 대공 미사일, 러시아가 개발한 30mm 기관포 AK230을 장착하는 등 영국에서 운용하던 시절보다 강력해졌다. 그러나 영국에서 1959년에 취역한 노후함이기 때문에 1998년부터 2001년까지 전자 장비를 중심으로 보수 작업을 했으며, 2008년부터 2009년까지 기관을 중심으로 정비 작업을 실행했다. 대대적인 정비 덕분인지 이후 10년 넘게 운행됐으며 2020년 9월에 마지막 항해를 마쳤다.

뒤에서 보면 좌현 쪽에 영국에서 운용하던 시절의 경사갑판 흔적이 남아 있다. 사진은 2005년 미국과 연합훈련을 할 때의 모습이다. (사진 제공: Mrityunjoy Mazumdar)

함교 윗부분의 대공 레이더는 네덜란드가 개발한 LW-08을 인도에서 개량한 RAWL-2다. 탐지 거리는 약 160km. (사진 제공: Mrityunjoy Mazumdar)

비라트(R 22). 1959년 11월 18일 취역(영국 해군) / 만재 배수량: 28,700톤 / 전체 길이: 226.9m / 전체 너비: 48.8m / 기관: 증기터빈(2기) / 무장: 20mm 기관포(2문), 30mm 기관포(2문) / 탑재기 수: 약 30대

인도 해군의 항공모함 ❷

비크라마디티야

러시아는 두 차례의 화재로 항구에 계류 중이던 키예프급 항공 순양함 4번함 어드미럴 고르시코프(구소련 해군 때는 '바쿠')를 해외에 판매하기로 결정하고, 1996년경 인도에 매각을 제안했다. 인도는 항공모함 비크란트(R 11)가 1997년에 퇴역한 후 국산 후계함을 조기에 건조할 수 없다고 판단해 구매 의사를 밝혔다.

하지만 조선사의 능력 부족으로 준공이 지연되고, 잦은 매각액 추가 요구에 16억 달러라는 매각액 기본 합의를 2004년에 철회했다. 이후 2010년 3월이 되어서야 비로소 인도와 러시아의 두 정상은 MiG 29K 전투기 29대를 포함해 약 23억 4,000만 달러에 매각하기로 합의했다. 인도는 구매 후 비크라마디티야라고 이름 지었다.

서방에서는 키예프급을 구소련 최초의 항공모함으로 인식하지만, 갑판에 P-500 대함 미사일과 100mm 포 AK-100이 설치돼 있어 항공모함이라기보다는 비행갑판을 넓힌 순양함의 모습에 가깝다. 인도는 갑판의 무장을 제거하고 비행갑판을 확대해 함수에 14.3도짜리 스키 점프대를 세워 스토바 방식으로 개조했다.

러시아 시절에는 함교에 페이즈드 어레이 레이더가 설치돼 있었는데 대공 레이더를 개량해 대공 감시 능력을 높였다. 양국은 2012년 말에 인도하기로 합의했지만, 실제 배치는 2014년이다.

구소련 해군 시절의 항공 순양함 바쿠. 함수 쪽에 대함 미사일이 줄지어 설치돼 있다. (사진 제공: 영국 해군)

인도로 수출되기 전의 모습. 갑판 위에 대함 미사일이 보이지만, 인도는 이를 철거하고 비행갑판을 확대했다. (사진 제공: AFP=지지 통신)

항공모함 비크라마디티야의 상상도. 구소련 및 우크라이나 시절에 비해 비행갑판이 확대되고 스키 점프대가 설치돼 있다. (일러스트 제공: Mrityunjoy Mazumdar)

비크라마디티야. 1987년 1월 취역 (구소련 해군) / 만재 배수량: 45,400톤(러시아 해군 시절) / 전체 길이: 283m / 전체 너비: 51m / 기관: 증기터빈(4기) / 무장: AK-630(4문), 바락 1(8) 대공 미사일 / 탑재기 수: 최대 36대

인도 해군의 항공모함 ❸

비크란트

인도 해군은 1993년부터 항공모함 비크란트(R11)의 후계함을 자국산 항공모함으로 개발했으나 계획이 늦어져서 비크란트의 퇴역 시기인 1997년에 맞추지 못했다. 2004년에는 이탈리아와의 협력으로 새롭게 방공함(Air Defense Ship, ADS)이라는 명칭으로 37,500톤에 달하는 스토바 방식의 자국산 항공모함 계획을 시작하고, 2005년 4월 11일에 코친 조선소에서 강판 절단 작업을 개시했다. 방공함의 명칭은 IAC(Indigenous Aircraft Carrier, 자국산 항공모함)로 변경했으며, 퇴역한 비크란트의 이름을 그대로 이어받아 취역했다.

건조는 2009년 2월 28일에 시작했으며 2010년 말에 80%를 완성했다고 발표했다. 하지만 계획이 지연돼 실제 취역은 2022년에 했다. 배수량이 4만 톤을 넘고 전체 길이는 260m다. 탑재기는 MiG29K 전투기와 Ka-31, MH-60R 등이다.

당초 IAC는 3척을 건조하기로 결정했으며 2009년 12월에 해군사령관 회견에서 2번째 비크란트인 항공모함 IAC-2(비샬로 명명)의 정보가 밝혀지기도 했다. 비크란트가 기반인 IAC-2는 배수량 65,000톤급으로 대형화하고 캐터펄트를 탑재할 예정이었다. 인도는 미국의 전자식 캐터펄트의 도입과 F-35C, F/A-18 등의 구매 정보를 제조사에 요구하는 한편 프랑스의 라팔에도 관심을 보이고 있다고 했다. 다만 2022년에 IAC-2 건조 계획은 보류됐으며, 세 번째 자국산 항공모함 IAC-3에 대해서도 발표된 바가 없다.

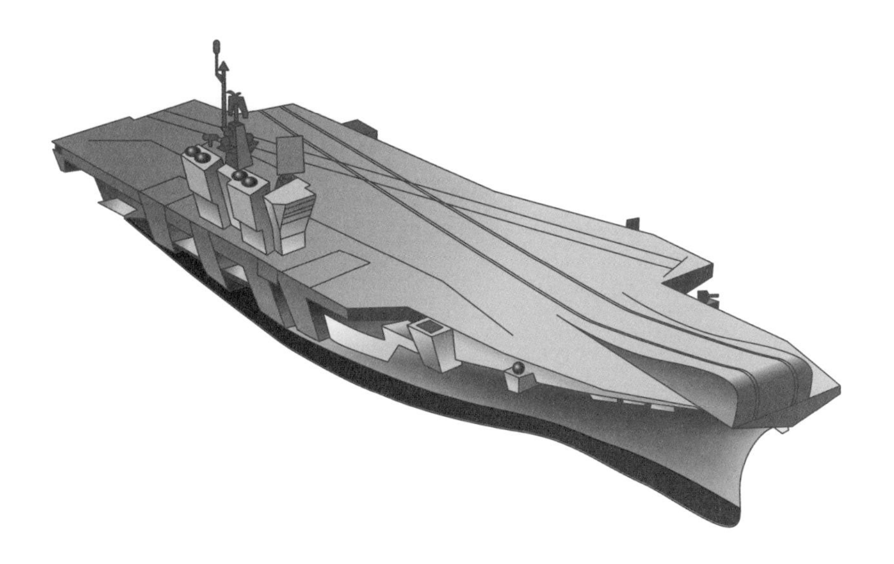

2002년 정보를 바탕으로 그린 비크란트의 모습. 당시 인도 정부는 비크란트의 외관도를 공개하지 않았다. 일러스트는 Mrityunjoy Mazumdar 씨의 스케치를 기초로 만들었다.

비크란트에 탑재하려고 개발한 HAL 테자스 전투기의 함재기형. 공군용 육상형은 이미 배치가 진행되고 있으며 함재형은 착함 후크를 추가하고 랜딩기어를 강화했다. (사진: 가키타니 데쓰야)

비크란트(2세대). 2022년 취역 / 만재 배수량: 41,000톤 / 전체 길이: 260m / 전체 너비: 60m / 기관: 가스터빈(4기) / 무장: AK-630(4문), 바락 1, 오토멜라라 76mm 함포(4문), VLS 64셀 / 탑재기 수: 최대 40대

태국 해군의 항공모함

차끄리 나르벳(CVH 911)

태국은 제2차 세계대전 이후에 아시아 최초로 항공모함을 도입한 나라다. 태국은 스페인 항공모함 프린시페 데 아스투리아스를 건조한 바잔 조선소에 이 항공모함을 기반으로 소형 항공모함을 발주해 1997년 8월 10일에 차끄리 나르벳(CVH 911)이라는 이름으로 취역했다. 만재 배수량이 11,000톤 남짓이며 비행갑판의 길이는 174m로 현존하는 항공모함 중에 가장 작다.

태국 해군에서는 함종을 항공모함(CV)이 아닌 연안 초계 헬리콥터 항공모함(OPHC)으로 분류했으며, 최근에는 헬리콥터 항공모함(CVH)이라고 부른다. 2009년 공식 자료에 의하면 AV-8S 마타도르 공격기를 9대 운용했으며 2010년 현재 AV-8S는 예비기로 육상 항공 기지인 우타파오에서 보관 중이다. 2023년 현재는 S-70B 시호크 6대, MH-60 6대, CH-47 2대를 탑재했다.

취역 당시의 계획에 따르면 대공 미사일을 탑재하기 위해 Mk41 수직 발사 시스템(VLS)을 설치해야 했지만, 화기 관제 시스템을 포함해 현재까지 탑재하지 않았다. 자체 방어를 위해서 사거리 6km의 미스트랄 대공 미사일용 연장 발사기를 무장하고 있다.

태국 해군은 이 항공모함을 함대 행동의 핵심인 사령부 기능, 대공 감시, 상륙작전 지원, 대잠작전 지원, 재해 파견 및 인도적 지원 등의 목적으로 운용한다. 함교에는 왕족들을 위한 전용실도 갖추고 있다.

마스트 위에 설치된 대공 레이더 SPS-52C는 탐지 거리가 약 320km다. 대공 감시 능력은 충분하다. (사진 제공: 태국 해군)

모항인 사타힙항에 정박 중일 때는 견학이 가능하다. 많은 일반인이 갑판에서 견학하고 있는 모습이 보인다. (사진: 가키타니 데쓰야)

차끄리 나르벳(CVH 911). 1997년 8월 10일 취역 / 만재 배수량: 11,544톤 / 전체 길이: 182.6m / 전체 너비: 30.5m / 기관: GE LM2500 가스터빈 엔진(2기), 디젤 엔진(2기), 가스터빈 엔진(2기) / 무장: 미스트랄 SAM용 발사기(3대) / 탑재기 수: 약 15대

브라질 해군의 항공모함

상파울루(A12)

과거 브라질은 아르헨티나와 경쟁 관계였다. 브라질은 1956년에 영국으로부터 콜로서스급 항공모함 벤전스를 중고로 구매해 1960년에 미나스 제라이스라는 이름으로 취역시켰다. 아르헨티나는 2년 뒤 영국에서 콜로서스급 워리어를 도입해 인디펜덴시아(V-1)라는 이름을 붙였다.

두 나라의 경쟁은 아르헨티나의 2번째 항공모함 베인티싱코 데 마요(V-2)가 퇴역하는 1997년까지 이어졌다. 브라질은 2000년에 프랑스에서 클레망소급 항공모함 포슈를 구매해 상파울루(A12)라는 이름으로 취역시켰다. 브라질 해군이 2001년 10월까지 항공모함 2척 체제를 갖추면서 항공모함 경쟁은 브라질의 승리로 돌아갔다. 다만 상파울루는 2023년 현재 퇴역한 상태이며 브라질은 헬리콥터 항공모함 1척(A140)을 보유 중이다.

상파울루는 세계에서도 몇 안 되는 일반 이착륙(CTOL)기를 운용할 수 있는 항공모함이다. 캐터펄트로 발함하고 와이어로 착함할 수 있는 항공모함을 보유한 나라는 당시에 세계에서 미국, 프랑스, 브라질뿐이었다. 함재기는 전 쿠웨이트 공군의 A-4KU 스카이호크 공격기이며 AF-1이라는 명칭으로 운용했다. 미나스 제라이스는 S-2 트래커 대잠 초계기를 탑재해 대잠 항공모함으로 운용했지만, 상파울루는 공격기를 탑재하는 공격 항공모함으로 운용했다. 퇴역 전까지 AF-1 공격기의 전자 장비를 개선하고 초계 헬리콥터 S-70B를 새로 도입했다. 브라질 해군은 이때 C-1A 트레이더 함상 수송기 9대를 중고로 구매했으며 AF-1 공중 급유기, 조기경보기, 화물기 등 3가지 사양으로 개조해 사용할 예정이라고 발표했다.

상파울루의 외관은 프랑스가 운용하던 시절과 크게 다르지 않다. 캐터펄트는 앞쪽 갑판에 1대, 좌현 쪽 경사갑판 위에 1대가 설치돼 있다. (사진 제공: 브라질 해군)

2004년 미국 해군의 로널드 레이건(사진 안쪽)과 함께 움직이는 브라질 해군의 상파울루. 함수 쪽에 AF-1(A-4KU) 공격기가 보인다. (사진 제공: 미국 해군)

상파울루(A12). 1963년 7월 15일 취역(프랑스 해군) / 만재 배수량: 37,280톤 / 전체 길이: 265m / 전체 너비: 51.2m / 기관: 증기터빈(4기), 디젤 엔진(6기) / 무장: 크로탈 SAM(2대), 100mm 포(4문), 12.7mm 기관총 / 탑재기 수: 약 40대

중국 해군의 항공모함

낡은 항공모함을 재정비

중국은 중화인민공화국 독립 이전인 중화민국 해군 시절에 배치했던 배수량 923톤의 수상기 항공모함 웨이신과 치신에서부터 함재기를 운용했다.

중화인민공화국이 된 후에는 언제부터 항공모함을 개발했는지 분명하지 않지만 1985년에 중국 기업이 호주 해군의 항공모함 멜버른(R21)을 고철용으로 구매했고, 1997년과 2000년에는 중국 기업이 구소련 해군의 중항공 순양함 민스크와 키예프를 구매했다. 이렇게 구매한 항공모함은 각각 오락 시설로 개조했지만, 항공모함 개발에 참고했을 것으로 보인다.

1998년 중국 기업(실제로는 유령 회사)이 구소련 붕괴로 건조가 중지된 어드미럴 쿠즈네초프급 중항공 순양함 2번함 바랴크(우크라이나가 보유)를 카지노로 사용하려고 구매했다. 이 함정은 다롄항에서 중국 최초의 항공모함으로 재정비돼 2012년 9월 25일에 랴오닝이라는 이름으로 취역했다.

탑재기는 수호이 Su-33 전투기를 모방한 J-15 전투기이며 Z-9 같은 헬리콥터가 탑재된다. 대공 감시와 관제에 사용되는 LIG-346 삼차원 레이더가 함교 구조물 4면에 설치돼 있으며 자체 방어를 위한 무장은 FL-3000N 근접 대공 미사일 및 Type730 근접 기관포가 장착됐다.

랴오닝함은 항공기 운용이 목적인 연습용 항공모함으로 운용됐다. 2019년에 산둥함이 취역했으며 세 번째 항공모함인 푸젠이 2022년에 진수했다. 향후 원자력 항공모함 건조도 고려하고 있다고 알려졌다.

2001년 11월 2일 터키 보스포루스 해협을 예인선에 이끌려 통과하는 바랴크. 항행이 불가능하도록 기관 계통을 파괴해 수출했다. (사진 제공: TJ 포토 아카이브)

다롄에서 정비 중인 바랴크. 훈련용 항공모함으로 취역했다. (사진: 가키타니 데쓰야)

바랴크(구소련 해군 시절). 만재 배수량: 67,000톤 / 전체 길이: 304.5m / 전체 너비: 72m / 기관: 증기터빈(4기) / 탑재기 수: 약 40대

일본의 해상자위대

'이즈모'형 호위함

일본의 해상자위대는 2011년도에 '시라네'형 호위함의 후계함으로 '19,500톤형 호위함'의 관련 예산을 확보하고 2015년에 1번함 이즈모가 취역했다. '휴가'형보다 배수량이 5,000톤 많은데, 이는 이탈리아 해군의 항공모함과 크기가 같다. 비행갑판의 전체 길이 248m가 그대로 비행갑판이라는 점과 항공기용 엘리베이터가 우현의 현 쪽에 있다는 점이 특징이다. 물론 함재기의 발착함에는 지장이 없도록 설치했다.

'이즈모'형은 공격용 무기가 없으며 자위용으로 SeaRAM이라는 신형 대공 미사일과 20mm 기관포 CIWS를 장착했다. 대잠작전이나 대수상전 등 단일 함정으로 싸우는 것은 고려하지 않고 항공기의 모함 역할에만 충실하다. 방어와 항공기 작전 이외의 임무는 이지스 호위함에 맡긴다.

비행갑판에는 헬기장이 다섯 군데 있어서 헬리콥터 5대를 동시에 운용할 수 있다. 하지만 계속 같은 운용 체제를 유지한다는 의미는 아니다. 현재 해상자위대는 고정익 함상기를 보유하고 있지 않지만 호위함의 수명인 약 40년 동안에 방위 정책이 어떻게 바뀔지는 알 수 없다. 미래에 F-35B와 같은 고정익기 전투기를 탑재하고 항공모함으로 운용할 가능성도 있다. 2017년에 2번함이 취역했다. 해상자위대 최초의 전통갑판을 갖춘 호위함인 '휴가'형 헬리콥터 호위함은 2009년 취역했지만, 항공모함의 일반적인 정의가 '고정익기 주력 운용'이라면 '휴가'형은 헬리콥터만을 운용하는 '헬리콥터 항공모함'이라고 불러야 할 것이다. 이즈모는 2019년 다용도 운용모함으로 전환하기로 결정됐다.

호위함 이즈모. 우현 뒤쪽에 엘리베이터, 갑판 위에 헬기장 다섯 군데가 있어서 항공기를 충분히 운용할 수 있는 능력을 보유하고 있다. (사진 제공: 가키타니 데쓰야)

해상자위대 최초의 전통갑판 호위함인 '휴가'형 호위함 1번함 휴가. 대잠작전이나 기뢰 소탕전 등의 임무를 수행한다. (사진: 가키타니 데쓰야)

이즈모. 만재 배수량: 27,000톤 / 전체 길이: 248m / 전체 너비: 38m / 기관: 가스터빈(4기) / 무장: SeaRAM(2대), CIWS(2문) / 탑재기 수: 최대 14대

강습상륙함과 항공모함의 차이

장비와 임무가 다르다

일반적으로 '항공모함'은 전통갑판으로 돼 있으며 고정익기가 주력 장비다. 미국 해군이 보유한 강습상륙함은 비행갑판이 전통이기 때문에 외관상으로는 항공모함과 같다. 이뿐만 아니라 고정익기 AV-8B 해리어 공격기도 운용하기 때문에 항공모함의 요소를 갖추고 있다. 하지만 강습상륙함을 항공모함이라고 부르지는 않는다. 그 이유는 강습상륙함의 외관이 아무리 항공모함과 비슷해도 주력 장비와 임무가 다르기 때문이다.

항공모함의 주요 공격력은 전투 공격기이지만 강습상륙함의 주력 장비는 해리어 공격기도 AH-1W 코브라 전투 헬리콥터도 아닌 함께 탑승한 해병대원이다. 강습상륙함에 탑재된 함재기는 모두 상륙하는 해병대원을 지원하는 수단이다. 하지만 병사 수송용 및 공격용 헬리콥터를 20대 이상 운용하기 때문에 미디어에서 편의상 헬리콥터 항공모함이라고 부르기도 한다. 강습상륙함에는 병사를 지원하는 함재기 외에 장갑차와 전차, 상륙정도 탑재할 수 있다. 미국의 와스프급과 아메리카급은 호버크래프트식 상륙정 LCAC를 탑재하고, 함미의 해치에서 발진한다.

외관이 항공모함인 강습상륙함에는 프랑스의 미스트랄급, 이탈리아의 산 조르지오급, 영국의 오션급, 스페인의 후안 카를로스 I급, 한국의 독도급이 있다. 해상자위대의 '오스미'형 수송함도 크게 보면 강습상륙함이다. 강습상륙함은 차량과 물자 수송 능력, 헬리콥터 운용 능력, 승무원 이외 인원의 거주 구역을 갖추고 있기에 재해나 분쟁 등이 발생했을 때 자국민의 피난을 지원하는 임무를 부여받기도 한다.

미국 해군의 강습상륙함 에식스(LHD 2). 전체 길이는 257m이며 만재 배수량은 약 41,000톤. AV-8B 해리어 공격기 또는 F-35B를 탑재한다. (사진 제공: 미국 해군)

영국 해군 강습상륙함 오션(L 12). 전체 길이는 203m이며 만재 배수량은 약 22,500톤. 해리어 같은 고정익기는 운용하지 않는다. (사진 제공: 영국 해군)

항공모함형 강습상륙함

다임무함 또는 다목적함이라고도 한다

미국의 강습상륙함은 상륙작전을 지원하기 위해 해리어를 운용하지만, 스페인 해군의 강습상륙함 후안 카를로스 I급은 상륙작전뿐만 아니라 항공모함의 임무도 수행한다.

후안 카를로스 I(L61)은 함내에 상륙정과 수륙양용 장갑차 등을 격납하는 웰갑판(well deck)과 차량갑판(vehicle deck)을 갖추고 있으며, 비행갑판이 전통갑판 방식인 강습상륙함이다.

스페인 해군은 2013년에 퇴역한 항공모함 프린시페 데 아스투리아스를 대신해 후안 카를로스 I급을 활용하는데 사실상 배수량과 크기, 항공기 탑재량은 아스투리아스보다 커서 강습상륙함이지만 항공모함의 임무를 수행하는 데 문제가 없어 보인다. 이처럼 상륙함에 항공 능력을 강화하는 등 다양한 임무를 부여한 함정을 다임무함 또는 다목적함이라고 한다.

호주 역시 다목적함을 계획하고 후안 카를로스 I급을 건조한 나반티아(스페인 국영 조선소)의 협력을 받아 자국 기업에 캔버라급 강습상륙함을 2척 발주했다.

호주 해군이 현재 2척 보유하고 있는 배수량 8,500톤의 카닝블라급 수송상륙함의 후계라고 할 수 있는데, 캔버라급은 만재 배수량이 30,700톤이다. 스페인과 달리 호주 해군은 항공모함이 없지만, 현지 언론에 따르면 향후 캔버라급에서 F-35B 전투기를 포함한 고정익기를 운용할 예정이다. 참고로 호주는 1982년까지 A-4G 스카이호크 공격기를 탑재한 항공모함 멜버른(R21)을 보유한 바 있다.

함수에 스키 점프대를 갖춘 후안 카를로스 I. 헬기장도 8곳 보인다. (사진 제공: 스페인 해군)

후안 카를로스 I급(L 61). 2010년 취역 / 만재 배수량: 27,082톤 / 전체 길이: 230.82m / 전체 너비: 32m / 기관: GE LM2500 가스터빈(1기), MAN 324016V 디젤 발전기(2기), 전방위 추진기(2기) / 무장: 20mm 기관포(4문), 12.7mm 기관총(4문) / 탑재기 수: 약 30대

호주가 보유 중인 캔버라. 후안 카를로스 I과 외관이 거의 같다. 함미에는 상륙정을 격납할 수 있는 웰갑판의 입구가 있다. (일러스트 제공: 호주 국방부)

캔버라급. 2012년 취역 / 만재 배수량: 30,700톤 / 전체 길이: 231m / 전체 너비: 32m / 기관: GE LM2500 가스터빈(1기), MAN/BMW 디젤 발전기(2기) / 무장: 25mm 기관포(4문) / 탑재기 수: 약 30대

헬리콥터 항공모함이란?

외관이 항공모함 같지 않은 함정도 있다

강습상륙함처럼 헬리콥터를 여러 대 운용하는 함정을 '헬리콥터 항공모함'이라고 부르는 경우가 있는데, 이는 미디어의 관용적인 표현이다. 공식적으로 헬리콥터 항공모함(helicopter carrier)이라고 부르는 함정은 프랑스 해군의 잔 다르크(R97)다. 선체의 전반부에는 함교와 상부 구조물이 있고, 함수에는 MM38 엑조세 대함 미사일과 100mm 포 등을 갖춰 일반적인 전통갑판 항공모함의 이미지와는 거리가 멀다. 하지만 함번호인 'R'은 프랑스를 비롯해 유럽에서 항공모함을 의미한다.

미국 해군의 명명 기준으로는 'CVH'가 헬리콥터 항공모함이다. 하지만 미국은 1950년대에 생거먼급 호위 항공모함(CVE) 10척을 헬리콥터 호위 항공모함으로 운용하면서 'CVHE'라는 함종 기호를 사용했지만 'CVH'를 사용한 적은 없다. CVH를 사용한 배는 태국 해군의 차끄리 나르벳뿐이다.

과거 일본은 CVH 도입을 검토했다. 1960년에 제1차 방위력 정비 계획을 재검토하면서 HSS-2 대잠 헬리콥터 18대를 운용하는 11,000톤급 헬리콥터 항공모함(CVH) 건조에 120억 엔의 견적을 낸 바 있다. 하지만 예산 및 운용 측면 등 여러 문제로 실현하지 못하고 1967년부터 4년간 준비한 '제3차 방위력 정비 계획'에서 발안한 헬리콥터 탑재형 호위함(DDH) '하루나'형이 등장했다. 전통갑판은 아니지만 HSS-2 대잠 헬리콥터 3대를 탑재한 것은 세계적으로도 획기적인 일이었다. 이러한 흐름 속에서 전통갑판을 갖춘 '휴가'형 DDH가 탄생했다. 이런 의미에서 '휴가'형은 헬리콥터 항공모함 CVH라고 해도 될 것이다.

프랑스 해군의 헬리콥터 항공모함 잔 다르크(R 97). 중형 헬리콥터 8대를 탑재할 수 있다. 연습함의 역할도 했지만 2010년 말에 약 반세기의 임무를 마치고 퇴역했다. (사진 제공: 가키타니 데쓰야)

일본 해상자위대의 '하루나'형 헬리콥터 호위함 2번함 히에이(DDH 142). 헬리콥터 3대를 운용할 수 있다. SH-60J가 갑판에 주기돼 있다. (사진 제공: 가키타니 데쓰야)

일본을 방문한 외국 항공모함

지금까지 500여 차례 찾아오다

영국 해군의 항공모함 허미스(I.95)가 1928년에 요코하마항을 방문한 이래 외국 항공모함이 500여 차례(요코스카가 모항이던 시기의 미드웨이, 인디펜던스, 키티호크, 조지 워싱턴은 포함하지 않음) 일본을 방문했다. 제2차 세계대전 후에는 한국전쟁과 베트남전쟁에 참여하는 미국, 영국, 호주의 항공모함이 주로 항공기 수송 임무 및 휴가 때문에 일본을 방문했다.

특히 1961년에 요코하마를 방문한 네덜란드 해군의 항공모함 카렐 도어만(R 81)이나 1958년 이후 각지를 돌던 호주 해군의 항공모함 멜버른(CV 21)의 방문은 이례적이었다. 또한 1958년에 미국 해군 호넷(CVA 12)이 흑선(黑船) 축제에 참가하려고 입항한 시모다항이나 미국이 여러 차례 방문한 벳푸항은 지리적으로 특이한 장소라고 하겠다. 1960년대에는 미국에서 퇴역한 항공모함 6척을 일본 기업이 구매하면서 호위 항공모함 트리폴리(CVE 64)와 윈덤 베이(CVE 92) 등이 일본에서 고철로 처리됐다.

베트남전쟁 중에는 많을 때 연간 36척이나 내항하기도 했지만 1973년 10월 5일 요코스카 기지에 미드웨이가 배치된 후에는 내항하는 항공모함이 크게 줄어 방문이 전혀 없던 해도 있었다. 요코스카에 배치된 항공모함이 얼마나 미국 해군의 항공모함 운용에 큰 영향을 미치는지 알 수 있는 대목이다. 아시아에서는 앞으로 신형 항공모함이 속속 등장할 예정이다. 머지않아 항공모함의 조선 · 운용 기술도 미국만큼 향상될 것이다. 정치 도구가 아니라 항공모함의 메커니즘이나 운용에 주목하는 일은 무기를 다른 관점에서 바라본다는 의미에서 필요하다.

한국전쟁 때는 많은 항공모함이 일본을 찾았다. 사진은 1951년 요코스카에 기항한 항공모함 레이테의 모습. F9F 전투기를 크레인으로 탑재하는 장면이다. (사진 제공: 미국 해군)

사세보항에 정박 중인 항공모함 밸리 포지(앞)와 항공모함 레이테. 1950년에 촬영했다. (사진 제공: 미국 해군)

1997년 5월 31일 도쿄항에 입항한 영국 해군의 항공모함 일러스트리어스(R 06). 1992년에 방문한 인빈시블(R 05)에 이어 두 번째 동급 방문이다. (사진 제공: 가키타니 데쓰야)

A~Z/숫자

사

아

자

차

카

타

파

하

참고 문헌

《월간 군사연구》 각호, 재팬 밀리터리 리뷰
《월간 세계의 함정》 각호, 가이진사
《계간 제이 십스》 각호, 이카루스 출판
《일러스트레이티드 미국 해군 항공모함》, 분린도
《Ships and Aircraft of the U.S.Fleet》, Naval Institute Press, 2005
《World Naval Weapon Systems》, Naval Institute Press, 2006
《Jane's Fighting Ships》, Jane's Group
《Flight Deck Awareness》, Naval Safety Center

그 외에 미국 해군을 비롯해 각국의 해군, 각사의 자료 및 웹사이트를 참고했습니다.

〈협력〉
다지리 히데유키(田尻英幸)

지은이 가키타니 데쓰야

일본항공사진가협회 · 항공저널리스트협회 회원이자 프리랜서 사진기자. 세계 각국을 누비며 해당 국가의 육해공을 취재해 왔다. 1990년부터 일본플라잉서비스 항공측량부에서 일하며 사진술을 익혔다. 측량용 카메라를 이용한 수직 항공 사진, 항공 사진 전용 카메라를 이용한 대각선 항공 사진 등을 찍으며 공대지 촬영 기술을 습득했다. 이 밖에도 공대공 촬영 기술을 익히며 공중에서 보낸 시간만 7년간 2,000시간을 넘겼다.

1997년 이후 프리랜서로 독립했으며, 항공기뿐만 아니라 지상군과 함정 등을 폭넓게 취재하고 있다. 군인과 무기의 메커니즘을 생생하게 포착해 국내외 전문지에 발표한다. 주요 저서로는 《신의 방패 이지스》《세계의 항공모함》《잠수함 입문》 등이 있다.

옮긴이 신찬

인제대학교 국어국문학과를 졸업하고, 한림대학교 국제대학원 지역연구학과에서 일본학을 전공하며 일본 가나자와 국립대학 법학연구과 대학원에서 교환학생으로 유학했다. 일본 현지에서 한류를 비롯한 한 · 일 간의 다양한 비즈니스를 오랫동안 체험하면서 번역의 중요성과 그 매력을 깨닫게 되었다고 한다. 현재 번역 에이전시 엔터스코리아에서 출판 기획 및 일본어 전문 번역가로 활동 중이다.

주요 역서로는 《권총의 과학》《총의 과학》《기상 예측 교과서》《미사일 구조 교과서》《비행기 엔진 교과서》《자동차 운전 교과서》 등이 있다.

항공모함의 과학

전쟁의 승패를 결정짓는 해상 병기, 항공모함의 구조와 전투력의 비밀을 파헤치는 메커니즘 해설

1판 1쇄 펴낸 날 2024년 5월 20일

지은이 가키타니 데쓰야
옮긴이 신찬
주간 안채원
책임편집 윤대호
외부디자인 이가영
편집 채선희, 윤성하, 장서진
디자인 김수인, 이예은
마케팅 함정윤, 김희진

펴낸이 박윤태
펴낸곳 보누스
등록 2001년 8월 17일 제313-2002-179호
주소 서울시 마포구 동교로12안길 31 보누스 4층
전화 02-333-3114
팩스 02-3143-3254
이메일 bonus@bonusbook.co.kr

ISBN 978-89-6494-695-4 03400

• 책값은 뒤표지에 있습니다.

팩트와 수치로 정리한 권총 구조의 핵심

가장 작지만 강력한 소화기 메커니즘의 결정체

가노 요시노리 지음 | 신찬 옮김 | 240면

리볼버와 피스톨을 중심으로 권총의 핵심 지식을 정리한 밀리터리 교양서. 권총의 정의, 유래, 역사 등은 물론이고 격발 구조와 오발 방지 장치, 탄피 제거 원리 같은 메커니즘 전반을 소개한다. 게다가 권총을 다루는 방법과 사격술의 기초도 알려준다.

최고의 사격은 어떻게 완성되는가?

과학으로 해설한 사격 메커니즘의 시작과 끝

가노 요시노리 지음 | 신찬 옮김 | 234면

사격 수준을 최고 단계로 끌어올리는 데 필요한 지식과 경험을 담은 밀리터리 교양서다. 어떤 총을 선택하고, 평소 총을 어떻게 관리해야 하는지, 또 어떻게 사격술을 연습해야 하는지 등 사격이란 행위를 완성하는 데 필요한 기반을 제공한다.

심해에 웅크린 침묵의 수호자

잠수함 메커니즘과 전투의 비밀을 밝힌다!

야마우치 도시히데 지음 | 강태욱 옮김 | 224면

최강의 비대칭 해양 무기, 잠수함. 베일에 싸인 잠수함의 거의 모든 것을 여러 그림과 사진 자료를 활용해 상세히 밝힌다. 함장 출신인 저자는 경험자가 아니면 말하지 못할 생생한 지식과 경험을 독자에게 소개한다.

불꽃과 철이 빚은
문명의 이기이자 파괴자

500년 총의 역사와 메커니즘을 밝히다

가노 요시노리 지음 | 신찬 옮김 | 236면

총의 정의와 종류, 역사, 발사 구조와 원리, 탄약, 탄도학 등에 관한 여러 지식을 모아 소개한다. 한마디로 '총이란 무엇인가?'라는 질문에 총체적으로 답하는 밀리터리 지식 교양서다. 가장 빠르고 쉽게 총에 관한 교양을 쌓은 방법을 제시한다.

압도적 크기와 무력으로
상대를 제압하는 바다의 지배자

상세한 메커니즘으로 항공모함의 실체를 이해한다

가키타니 데쓰야 지음 | 신찬 옮김 | 214면

항공모함의 정체부터 함재기의 역할과 종류, 함내 시설, 전투 메커니즘, 세계 각국의 항공모함 현황 등을 모두 정리했다. 군사 전문 사진기자의 생생한 취재가 돋보이는 책으로 항공모함과 관련한 거의 모든 것을 소개한다.